仿真大观园

王扬 著

中国宇航出版社

·北京·

图书在版编目(CIP)数据

仿真大观园 / 王扬著. -- 北京：中国宇航出版社，
2016.2

ISBN 978-7-5159-1065-9

Ⅰ．①仿… Ⅱ．①王… Ⅲ．①仿真系统－青少年读物
Ⅳ．①TP391.9-39

中国版本图书馆CIP数据核字(2015)第321416号

责任编辑 黄莘　　**责任校对** 王妍　　**装帧设计** 宇星文化

出 版 发 行	中国宇航出版社	
社 址	北京市阜成路8号	邮 编 100830
	(010)60286808	(010)68768548
网 址	www.caphbook.com	
经 销	新华书店	
发行部	(010)60286888	(010)68371900
	(010)60286887	(010)60286804(传真)
零售店	读者服务部	
	(010)68371105	
承 印	北京画中画印刷有限公司	
版 次	2016年2月第1版	2016年2月第1次印刷
规 格	880×1230	开 本 1/32
印 张	7	字 数 170千字
书 号	ISBN 978-7-5159-1065-9	
定 价	28.00元	

作者简介

　　王扬，北京人。1951年参加抗美援朝，后加入中国人民解放军海军，并就读于海军工程大学，毕业后留校。之后，曾任海军军训器材厂副厂长，海军军训器材研究所总工程师、所长等职，1991年退休。退休后，仍继续从事仿真工作，在深圳创办了深圳本鲁克斯仿真控制有限公司，任总经理兼总工程师。还在中国自动化学会系统仿真专业委员会、中国计算机用户协会、中国系统仿真学会等任职。此外，王扬还担任《系统仿真学报》和《计算机仿真》杂志副主编，是我国为数不多的仿真技术创始人之一。

　　王扬从事系统仿真技术30余年，1985年荣立三等功，1991年被评为海军司令部先进科技干部，1994年享受政府特殊津贴。

　　王扬在生命的最后时刻，仍呕心沥血，孜孜不倦地为其科普小说《仿真大观园》做最后的完善和修改工作。

序

　　读着这本科普读物，仿佛走进一座未来科技的大观园：打着鸣的公鸡、刚下蛋的母鸡、"汪汪"叫的看门狗、辛勤劳作的耕牛、张牙舞爪的恐龙、生机勃勃的花草树木，栩栩如生的仿真动、植物，把人们的感官带入一个神奇的科幻世界。仿真娱乐馆内，如火如荼的机器人音乐会、机器人棋赛、仿真射击赛、足球赛、自行车赛，令人叹为观止。而仿真的太空登月、军机大战、深海探奇、虚拟人手术等情景的展现，则勾勒出一幅幅激动人心的科技远景。作者王扬凭借其丰富的专业知识和独特的想象力，为我们介绍了涉及交通、能源、工业、军事、医疗及社会生活各个方面的仿真技术及发展前景。读着这本书，我们不仅为仿真技术的未来欢欣鼓舞，更为作者奇妙的构想所叹服。毋庸置疑，这是一部不可多得的仿真技术科普读物，特别是对于培养青少年读者的学习兴趣，有着特别的意义。

作者王扬从事系统仿真技术 30 余年，是推动我国仿真技术发展并作出突出贡献的重要人物。他对于计算机仿真技术在工程领域的应用造诣很深，生前一直强调将仿真技术应用于工程实践和产品项目中。他曾在军事、工业、交通运输和娱乐业等多方面开发研制成功 20 多项军事和民用仿真工程和应用产品。这本书是他数十载科研和实践经验的升华，也是他对仿真科学事业发展的企盼。

王扬在生命的最后时刻，仍孜孜不倦地修改《仿真大观园》，我们期待这部遗作在仿真技术领域能给后人有所启发和帮助。

中国工程院院士
哈尔滨工业大学教授　王子才

前言

众所周知，《红楼梦》一书中，绘声绘色地描写了荣国公贾府为迎接贵妃省亲，修建了一座大观园。看到此本书名，我们立即会想到，这可能是讲述模拟该大观园的故事。遗憾的是，书名虽有大观园，但却和《红楼梦》中贾府花园毫无关系，或叫风马牛不相及。

仿真大观园是一个技术园地，这本小说讲述的故事发生于园地内外，将现代科学技术中的系统仿真（或计算机仿真）技术，作为重要情节，以通俗的语言贯穿于故事中。因此，它是一本科普小说。

作为小说，自然要有故事情节、人物性格、矛盾冲突、写情写景，包括未能免俗的"戏不够爱情凑"等。在当前科幻小说满天飞的情况下，以科普为内容的小说，尚不多见。这样一种形式能否获得广大读者的欢迎，也是一个未知数。作者认为新形势的文学作品，总得有人先尝试一下，权当抛砖引玉吧。

欢迎您也尝试一读，进入到我们的故事中。

目录
CONTENTS

第一章　仿真鸡凌晨啼声惊邻舍
001　　大观园机器动物初探秘

第二章　模拟战蓝天演出大拼杀
010　　梅少校海空折翼定输赢

第三章　看今朝模拟训练增效益
022　　望发展虚拟现实显神通

第四章　窈窕女生活失意多坎坷
036　　鲁莽汉聪慧好学获青睐

第五章　怪老头妙语主持沙龙会
047　　马小哈新意迭出惊众人

第六章　谈经络引出学术大题目
055　　观手术虚拟人体供实习

第七章　娱乐馆成人儿童多迷恋
067　　登月游观众航天眼界开

第八章　做仿真支撑软件是基础
079　　建模型专业知识应先行

第九章　结新友畅谈工业仿真机
091　访故老谬讲宇宙大爆炸

第十章　乘舟船展现三峡变迁史
111　搭航母亲历海上大抗争

第十一章　宋陶然偷词释疑表心声
129　柯灵灵答诗弃嫌结新友

第十二章　议国防兵力推演网络战
144　论战争适应国情谈模拟

第十三章　制造业虚拟样机待推广
159　机械学仿真生产起步行

第十四章　水族馆虚拟游戏花样多
170　复杂性产生科学新领域

第十五章　社会学持续发展难处理
183　整体论大成智慧露端倪

第十六章　结婚礼新人表演虚拟吻
199　喜庆夜仙女空中舞蹁跹

读后感
212

友人的话
214

第一章

仿真鸡凌晨啼声惊邻舍
大观园机器动物初探秘

晴空万里，正是仲夏好天气。周六的清晨，一声高昂的公鸡啼鸣，将唐大壮由梦中唤醒，门外响起儿子唐小强的欢笑声：

"妈妈！我和爸爸制造的仿真鸡成功啦！"

在公鸡的第二声啼叫声中，小强和妈妈一起拥进门来，三人不约而同地注视着临窗墙角处。那里有一个木条搭盖的朴素鸡舍，小门外站着一只雄壮漂亮的公鸡，只见它正扑扇双翼，引颈发出

仿真公鸡和鸡舍

"喔喔——喔"的啼鸣声。突然，鸡舍门口伸出一只母鸡头，"咯咯——哒"地连续叫着。

小强直奔过去，伸手从鸡舍右侧窗口中取出一个鸡蛋：

"瞧，还是温热的。"

然后敲开蛋壳大口地吃起来，原来是个熟蛋。

妈妈含笑称赞道："不错！还真有点意思。你们爷俩儿这星期没有白辛苦。"

话音未落，电话铃声响起。按下放音器，听到里面传来不满的声音：

"喂！唐老大，城镇禁养家禽，你家怎么有鸡叫声？是不是买的公鸡没有杀，今晨作怪？"

唐大壮答道："对不起，梅少校，打扰了你早上的懒觉。欲知实情如何，快来我家一探。"

梅少校说："我猜你这位机器动物公司大老板，又搞出什么新花样了，我当然要先睹为快，5分钟后见。"

不久，门铃声响起，还夹杂着狗吠声。一个稚嫩的童音说：

"大黄不要叫，是我们呀！"

狗吠声立即转变成亲昵声。30多岁的梅德贵，空军少校，穿着便服，拉着十几岁的小女儿梅花缓步走进室内。梅少校一进门就哈哈笑说：

"唐老板，你这只机器狗不灵啦，见了熟人也要咬。"

"大概你来得少，它忘记了。"

正说着，父女俩一眼就看见了那只公鸡。

梅少校说："咦，狗不灵，鸡来凑。你家真热闹！"

梅花紧接着道："好漂亮的公鸡！"便跑过去蹲下抚摸鸡背，

她正惊奇公鸡身上怎么没有体温，突然公鸡引颈高鸣，吓了她一跳。清晨的"节目"又重演一遍。

梅花手握温热的鸡蛋，梅少校微笑着说：

"这又是唐老板的新杰作，技术复杂吗？"

"雕虫小技，何足挂齿。小强给梅叔叔讲讲原理。"

小强用手掀起鸡背上的一块盖板，由于盖板和周围有羽毛遮蔽，不仔细观察还真看不出来。

小强说："这是由菜市场买来的一只公鸡，爸爸找朋友帮忙制成标本。在它空肚子里装入一块单片微机电路板，板上有定时器、声音芯片及程序存储器等。在鸡脖子里插入一根弹性橡皮管，管内设有一个小型电磁铁，通过一根杠杆推拉鸡颈的伸缩。它的翅膀则是通过简单的曲柄机构，由一台微型马达驱动，以实现双翼的掀动。当然，还需装入电源模块，并在鸡背羽毛下设置几个轻触开关，这就是小梅花抚摸公鸡背时，触发了它开始活动的信号来源。定时器控制开关与手触开关是并联的，它受设定的时间控制，例如早上 7 点自动触发。只要起始信号被触发，单片机就会按照事先存储的程序，控制各机构动作。同时声音芯片中的鸡叫声，也由微型扬声器播出。这样，一只仿真公鸡就完成了。"

梅花问："还有母鸡下熟蛋，又是怎么回事？"

"那更简单了，鸡舍门口仅设一只可伸出和缩进的母鸡头颈，发出第二种声音，就是母鸡下蛋声。一个小型红外加热器将鸡蛋烤熟后滚落于鸡舍右侧窗下，伸手取出即得。"小强说。

唐大壮补充说："除了细节，在公鸡动作前 10 分钟，定时器先发出烤蛋信号，蛋熟后滚落窗下，一套'把戏'耍完，蛋的温度也降低到可以拿在手中了。所有这一切，都是通过单片微机按简单的程序操作实现的。"

梅花问："母鸡肚子里有许多蛋吗？"

"傻丫头，蛋是由鸡舍屋顶活门装入的。"小强边说边示范，用手将弹簧顶盖压开。

"不过每个蛋都要事先用针刺些孔，免得它受热炸开。"

"听起来简单，做起来是不是够麻烦的？"梅少校问道。

唐大壮沉思半晌说："机器动物做出外貌'形似'的效果，技术上没有什么困难，难点是追求'神似'的效果。就以这只小小的模拟公鸡而言，仅仅完成简单的动作和啼鸣声是不够的。要使它神气活现，大有雄鸡一唱天下白之势，就需要仔细研究公鸡打鸣前和啼叫中的细微动作，并进行对比。细微动作包括鸡头的摆动、鸡冠的胀缩、腿爪伸缩迈步、脖颈的抖动挺直以及喙嘴的开合等，要想办法在技术上实现，然后才能使它高视阔步、昂首一啼，产生雄踞天下的效果。这样才称得上是精品。我们现在距离这种逼真度还相差较远。"

梅少校说："其实这是任何人对所从事工作应有的认真态度。这已经离题很远了。但是对一只模拟鸡在艺术和技术上要求实现这样复杂的内容，其他机器动物又将如何？技术岂不是更复杂吗！"

"那也不一定，例如我家门口的机器狗——大黄，虽然体积比鸡大得多，但它体内安装驱动设备的空间也大得多。看门狗若不需走动，只有三种姿态——伏卧、蹲坐和用以吓人的前扑。由卧姿变蹲姿只需前腿挺直，前扑动作则是用脖子上的套圈拉索收紧即可实现。声音也只两种，对生人的吠叫声和对熟人的亲昵声。其技术实现并不比模拟鸡困难，只是它多设了一个红外传感器用于探查人的接近，并有声音传感器和语音音调的记忆功能，技术稍微复杂一些。当然，如果追求'神似'的效果，也会使事情变得更复杂。"唐大壮说。

梅花拍手笑道："如果能牵着大黄去散步，就更好玩儿了！"

唐大壮接着补充道："从技术上讲也不困难，20世纪90年代，日本的机器宠物狗曾红极一时，可惜它卡通式的外貌怪模怪样，不像真狗。假若给它披上狗皮，再配上速度调节器，由项圈拉索张力传感器控制。随着人行走的快慢，拉索张力产生增减，狗行走的速度将会自动调节。这样就实现了狗对人亦步亦趋的配合，你就可以牵着它上路了。我们公司就有这样的产品。"

小强恳求道："爸爸，在仿真大观园的机器动物世界里，有您公司的许多产品，我想今天下午带小花妹妹去参观，最好请您派一位公司的技术人员现场指导，不知行不行？"

"可以考虑，我打个电话请柯灵灵阿姨陪你们一起去。"

梅少校在一旁笑着说："唐老兄，闲话到此打住。半个月前我们约定的模拟空战，你还有没有胆量践约？"

唐大壮笑道："我这个业余飞行员早已是你的手下败将，虽然见了你就害怕，但却一直心有不甘。今天咱们定好时间，我一定参战。"

梅少校哈哈大笑："我在仿真大观园的军事仿真馆恭候大驾，不见不散。不如我们两家一起去。"

"我还有事，不能陪你们去玩儿。梅夫人去不去？"唐大壮妻子问道。

"她大概也没空。"

"那么一言为定，下午我们两大两小一起走。少校在我家吃个便饭如何？"唐大壮说。

"不啦！住得这样近，回家方便，不用客气。拜拜！"梅少校说罢，挥手推门而去。

下午，两大两小来到仿真大观园前，只见围墙布满绿色藤萝，两株大树分立在入口两旁，树顶枝叶缠绕，结成一道拱门。一位朴素典雅的女青年走上前来，向唐大壮等点头示礼。唐大壮向两个孩子介绍说：

"这位是柯灵灵阿姨，硕士，公司的工程师，你们俩随她去逛吧！我要和梅少校去空中厮杀了。"

梅少校立即应战："试看今日晴空，究属谁人天下。哈哈，败军之将也敢言勇。我们上战场吧！"

唐大壮也不示弱："看你这骄人姿态，小心骄兵必败噢！"

两人谈笑并肩走去。

柯灵灵拉起梅花的手说："先不忙入园，你们看围墙上的植物和大树拱门多么生机勃勃，漂亮吗？"

仿真大观园入口

"满眼浓绿，造型又靓又酷。"小强答道。

"你去摸摸看。"

"呀！原来是假的。"

柯灵灵介绍说："园区所有植物都是人造的。20多年前，我国的工艺美术家们，已经可以生产大量种类繁多的假花草树木，形态几可乱真。但这些都是供欣赏的艺术品，不属于通常所说的仿真技术范围。否则那些假古董、赝品名画，凡属各种假冒伪劣产品，岂不都可以冠上仿真的帽子啦！"

步入拱门，迎面一座影壁，上有江泽民的亲笔题词：

发展我国仿真技术

勇攀世界科技高峰

江泽民

一九九三年一月廿四日

转过影壁，展现眼前的是一条浓荫遮蔽的宽畅通道，通向一座喷水池，池中片石叠叠，呈山峰状，中间一块巨石，上面雕刻着几个楷书大字"仿真大观园"。

池前台阶上站着一位老人，笑容可掬地问："您要到哪里去？"

梅花抢答："我们想去机器动物园。"

老人挥手左指："请向左走，穿过一片竹林就到了。"

"谢谢老爷爷。"

"不客气。"

他们转向左行，边走边谈。

柯灵灵说："你们看，这位老爷爷好不好？"

梅花答："又神气又和气，真好。"

"他是一个机器人啊！采用语音识别技术，可以听懂你们的简单问话。"

小强在一旁补充道："他说话时的嘴巴动作形态和真人一样。"

"是呀，他的脸面是用人造肌肉塑制的，具有伸缩变形性能，下巴颏关节能够开合，以配合语音动作。好在他只回答事先输入的一些简单语句，在调试中尽量使其口形显得自然罢了。"

"噢！这也是仿真技术吧。"

柯灵灵接着说："机器人本来属于一个独立的科技领域，但绝大部分工业用机器人完全不具备人体形态，不过是自动化的'机械手'而已。甚至家用机器人和娱乐用机器乐队指挥，以及所谓机器人足球赛中的它们，也都不像人。但当机器不但具有了人的逼真形态，而且能表现出人类的举止和一定的人类情感时，也可看做是仿真技术的一种新的应用范围。机器动物的情况也与此类似。科技发展到今天，很难将各学科的界限严格划分清楚。各种技术相互融合的现象带有普遍性，并且由此衍生出一些新的技术领域。"

穿过竹林，一道竹编篱笆墙横亘眼前，入口处是个竹门，顶上搭着竹制飞檐，显得古朴大方。门的左右悬挂着一幅对联：

似实似幻技术赋予机器生命
亦假亦真仿真造就鸟兽鱼虫
横批：动物奇观

进门绕过一个布满花草的假山后，眼前出现一片不大的草坪，上面散放着牛、羊、狗、马、猪等家畜，还有一块待耕地，一头牛拖着犁站在那里。一位游客用手扶犁，牛突然动起来向前走。游客们大呼："有趣！"

柯灵灵介绍说："这些机器家畜，全是我们公司的产品。实际上，20世纪70年代，这类产品及其开发技术均已成熟。不少公园将此作为点缀，常购买几种放置园内。"

机器动物园共分五部分：古生物森林带、猛兽区、虚拟水族馆、百鸟争鸣厅和机器宠物廊。

三人来到古生物森林带前，坐上每隔5分钟驶来的无人驾驶电动车，向林内驰去。夹道丛林密布，迎面一排巨大古树阻挡住直行路。绕过大树墙，继续沿着曲折的林间空隙前进。突然，一个高5米多、长10余米的庞然大物横蹿出来挡住去路。它转身直对电动车扑过来，张开大嘴，露出巨齿獠牙，俯下满是皱褶的、丑陋的头颅，在梅花头顶上摇头晃脑，吓得她闭上眼睛大叫一声："恐龙！"

第二章

模拟战蓝天演出大拼杀
梅少校海空折翼定输赢

　　军事仿真馆位于大观园区的后面，是一幢五层楼的建筑物。内部分设陆、海、空三军分馆和武器装备展览厅。除某些保密区域外，任何人均可进内参观，是实施全民国防教育的基地。

　　唐大壮、梅少校两人一起走向空军仿真分馆。一进楼门，只见迎面墙上写着醒目的八个字——"模拟训练，网上练兵"。

　　唐大壮是位业余飞行员，酷爱驾驶军机飞行作战，但没有亲自上真军机的机会，只好在空军仿真馆的各种歼击机和强击机飞机模拟器上过一过空战的瘾。他每周总要在飞行模拟器上花费两三个半天时间，不仅练习飞行技术，而且还能满足自己对空战的浓厚兴趣。

　　梅少校是一位空军少校飞行员，有时也在模拟器上做些练习。两人在交往中建立了友谊，时而比翼双飞，时而互为敌手。唐大壮以梅少校为师，学到不少战机和空战知识。在模拟空战中，唐大壮通常是梅少校的手下败将，虽不是屡战屡败，但多数情况下，免不了铩羽而归。

这次约战前，唐大壮加倍努力准备，埋头攻读国内外有关现代空战的图书资料，并在模拟器上反复演练，备感辛苦。为了换换脑筋，在儿子小强的帮助下，搞起了仿真公鸡，因此发生了早上鸡啼惊邻舍事件。唐大壮多年体会到，短时间转移注意力的方法，较之长时间专心于一件事，似乎效率更高一些。

进入空军仿真分馆接待室，一位预备役女上尉接待了他们。因为都是熟人，她很快从微机中调出两人以前的模拟飞行记录。

上尉问："两位今天是练习，还是空战？"

两人异口同声回答："空战！"

"请一位先去休息室，另一位说明要求。"

两人对看一眼，挥手微笑喊出："包、剪、锤。"

声落伸出右手，结果梅少校胜，唐大壮只好先回避。

"我要 F24 歼击机，航母上起飞。"梅少校又顺便解释了一句："想利用机会再练一次航母起降技术。"

上尉打趣他道："可能只有起飞，没有降落噢！"

梅少校哈哈大笑："你想触我霉头嘛，本人胸有成竹，一定会胜利归来。"他压低嗓音继续说："请派一架僚机，这是秘密，不得向唐老兄泄露。"

上尉笑说："诡计多端！"

轮到唐大壮了，上尉问道："你还是从陆基起飞吧，这次选什么机型？"

"我想要 A17。"

上尉一边将两人的要求输入计算机，一边说："你们去指挥室吧！"

进入模拟空战指挥室，只见左侧墙壁有一块宽 4 米、高 3 米的大屏幕，一位身材魁伟、头发花白的老者，从面向屏幕的皮转椅上，转过身来：

"欢迎光临。两位要求模拟空战的有关信息已传过来了，正在按你们的要求准备模拟器。""我是新来的退役空军少将，这次模拟空战由我担任总指挥和讲评员。希望合作愉快。"

梅少校立刻举手行军礼："欢迎少将亲临指导！"

唐大壮也微笑着说："欢迎，欢迎。"

少将挥手指向在窗前一排微型计算机台前坐着的人员说：

"你们的指挥官将由他们担任。现在请一起看看指定战区的情况。"

此时大屏幕上显示出一幅标有经纬度的南海地图，总指挥用红外激光教鞭指向地图介绍：

"战区中心位于北纬 18°、东经 115°，交战范围半径 200 海里。气象条件在高度约 4 000 米处存在云层，其上是晴空万里，够你们二位施展的了。请对表，现在时间是 14 时 57 分，预定起

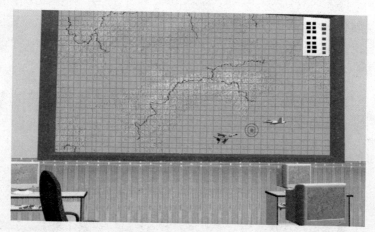

模拟空战指挥室

飞机模拟器在跑道上

飞时间 15:20。有问题吗？"

　　"没有。"

　　"请去飞行模拟大厅。"

　　右侧一扇门自动打开。飞行模拟大厅设有多台飞机仿真器和少量飞行仪表练习器。工作人员指出：

　　"梅少校请用 4 号仿真器，唐先生用 7 号仿真器。请登机做航前准备。"

　　梅少校进入模拟驾驶舱后，熟练地检查了仪表、操纵设备后，戴上头盔显示器，立即仿佛感到自己的飞行座舱位于航空母舰的起飞线上。前方是平坦的飞行甲板，转头向右可看到巍峨的舰桥及其后面指挥飞行的半圆形塔台，左方甲板外则是波浪起伏的大海。

飞机模拟器

　　唐大壮登机后，模拟驾驶舱窗外已显示出野战机场的视景，他的"飞机"正处于跑道起点待命起飞。在检验了与指挥所的通讯后，终于看到了起飞信号，以及听到了从耳机中传来的出航命令。他将速度杆向前推，在增大的发动机轰鸣声中，感到飞机开始在跑道上滑行。

　　梅少校在完成起飞操作后，突然感到一股强大的前驶重力，将他压向座椅靠背，几乎透不过气来。他知道这是航母的蒸汽加速系统为飞机加速产生的应有现象。一瞬间，从头盔显示器的视景中，他感到飞机已脱离航母的飞行甲板。他赶紧后拉操纵杆使飞机升空，并操纵飞机左转，绕航母低空盘旋一周，发现僚机也已顺利起飞。完成空中编队和联络后，僚机位于他的左后方，两架战机昂首向天，穿越云层，迅速爬升至 1.5 万米的高度，调整航向，飞往战区。

　　双方战机都以 1.2 马赫（1 马赫等于 340 米 / 秒）的速度向战区接近。唐大壮在 1 万米的飞行高度首先进入战区，随后从耳机中传来地面指挥所的通报：

　　"07 号注意，你前方 200 海里（1 海里等于 1.85 千米）发现两个目标，高度 1.5 万米。"

"07 明白。"

由于多次战败，唐大壮发现对方战机不是一架而是两架，而且已占据对攻击有利的高位，心中不免疑惑和紧张："怎么会是两架？这次梅少校不知又搞什么鬼？"

他一边抛掉副油箱、开启机载雷达寻找目标，一边心算两机遭遇的大概时间：双方各以 1.2 马赫速度迎面接近，每分钟缩短距离约 49 千米，双方汇集时间约 7.5 分钟。空对空导弹有效射程是 50 千米左右，则在导弹攻击前的遭遇时间不足 6.5 分钟。己机的爬升速度和升限都不如敌机。想到这里，他眉头一皱，计上心来，决定不按常规战法迎战。首先，保持原来状态向对方方向飞 1 分钟，估计梅少校肯定也已接到发现目标的信息，并且打开机载雷达进行搜索。

果然，梅少校在雷达上发现了唐大壮的飞机，且迅速上爬：

"想跟我比赛抢占制高点，唐老兄未免太蠢。"

随即拉起机头升至 2 万米。

"看我最后老鹰扑小鸡，非把你打掉不可。"

哪知这是唐大壮的一个佯动。只见唐大壮前推操纵杆，快速调转机头俯冲下去。正在梅少校感到莫名其妙之时，唐机已消失在云层之下。由于俯冲加速度过大，唐大壮两眼发黑，头脑处于轻度昏迷状态。此时从耳机传来地面指挥所的惊叫声：

"07 号注意，你的高度！注意高度！"

唐大壮精神一振，高度计读数显示距海面仅剩 2 千米。他赶紧拉起机头，飞机几乎掠过海面，迅速飞升。雷达显示目标在正前方，斜距 2 万米，他以最快动作，使雷达锁定目标，毫不犹豫地按下发射钮，两发导弹以 3 马赫的速度发射出去。梅少校在唐机迅速拉起的瞬间，猜到了对手的意图，当电子报警器发出被对方雷达锁定的信号后，他立即右推操纵杆，使飞机向右连续横滚，惊出一身冷汗，总算躲过一劫。但僚机动作稍慢，在导弹发射后20 秒被击中，随即爆炸起火下坠。

梅少校将飞机摆平，心中咒骂："好小子，给我来这一套。"

估计唐机已飞到身后高空，梅少校迅速操纵飞机向右转，企图拦截对方。唐大壮则将飞机向左转，准备抄其后路，咬尾攻击。

空中较量的第二个回合开始了。

让我们回过头来看看机器动物园的情景。

随着梅花闭眼惊喊"恐龙！"小强也喊了一声："是霸王龙。"只见它的血盆大口高悬在梅花头上，大有噬人而食之意。电动车急速后退，霸王龙大概刚吃饱肚子，并未跟踪追来，俯下转身，足有 5 米长的粗壮尾巴横扫周边树丛，"唰唰"作响，一瞬间，

霸王龙与参观车

霸王龙尾巴自车顶上滑过，带起一阵怪风，自己则调头奔入森林深处。小强和梅花都知道恐龙不过是个机器动物，不会对自己造成危险，但看到它庞大狰狞的形态和吓人的动作，仍不寒而栗。

电动车继续沿林间小路曲折前进，时而一只翼龙飞过树顶，时而身长 6 米、一身铠甲的包头龙穿行于树隙之间，时而一群剑龙低头啃吃蕨草。柯灵灵因为参与了仿真恐龙的设计和制造，对此毫无兴趣。小强因为来过几次，也不感新奇。只有梅花兴高采烈，指手画脚，大呼小叫。

小强向柯阿姨询问机器恐龙是否也属于仿真技术产品，柯灵灵解释道：

"严格讲，机器恐龙和其他机器动物都不属于计算机仿真领域，正像电子游戏中的开飞机，与飞行仿真器完全是两码事。早在上个世纪末，在电影《侏罗纪公园》的影响下，国外掀起了一阵恐龙热，纷纷建立起恐龙博物馆和以恐龙为主题的公园。你爸爸是位聪明的老板，很快效法外国，在他的机器动物公司中，开发出机器恐龙，把它们设置在人造热带雨林中，构成了你们现在所看到的一切。"

身为高中生的小强颇为懂事，他略带嘲讽地评论："爸爸为了赚钱，不免有拾人牙慧之嫌。"

柯灵灵马上纠正道："你不能这样武断地下结论。开发机器动物，大到恐龙，小至公鸡，都有许多技术难点需要攻克。例如四足协调行走结构的设计，就是难点之一。至于两足行走，就更难一些。还有爬行、蛇行及鱼类的水中游动等运动的模仿，都不是简单的技术。其次是如何提高外貌的逼真程度，至于他常讲的达到'神似'的水平，恐怕是前人尚没有涉及的最困难的追求了。"

谈论间，侧面森林深处传来一阵阵怒吼和厮杀声，在雾气迷漫中，一群猛犸古象被几只剑齿虎追杀的场面若隐若现。柯灵灵挥手说：

“你们猜，做到这一步是否更困难一些？”

小强有些疑惑：“这是怎么做到的呢？”

柯灵灵笑了：“假中有假，说穿了一钱不值。这是将录像光盘用激光放映机投影在远方水雾上产生的视觉效果。”

电动车拐了一个大弯，停在一个人工小湖侧畔。泥滩上横七竖八地趴着一些鳄鱼，有的张开长嘴打哈欠，有的一动不动晒太阳，还有的四肢划动在水中爬进爬出。湖心冒出一个尖头，陆续现出一条长长的脖颈，最终，一个鸭子状的笨身躯在水面游弋。

柯灵灵道：“这是蛇颈龙，与传说中的尼斯湖水怪差不多。”

电动车继续前行，从一条捷径快速返回出发点。

梅花要去虚拟水族馆看鱼，小强则突发奇想，提出去看他爸爸与梅叔叔的空战。梅花噘起小嘴显得不高兴，小强刺激她说：

“这次一定是我爸爸胜，梅叔叔败。”

梅花不服气地回敬道：“每次都是我爸爸赢，这次肯定还是外甥打灯笼——照旧(舅)。”

小强不服：“敢不敢跟我打赌？”

“赌就赌。”两人击掌为约。

梅花不噘嘴了，也急着想赶去看输赢。

一行三人来到总指挥室时，大屏幕上双方搏斗的飞机正处于相对接敌位置。唐机俯冲时，梅花误以为它被击伤下坠，大呼：“我爸爸又胜利了。”没料到唐机突然拉起并发射导弹，梅机狼

僚机被导弹击中

狈逃窜，僚机被击中起火。梅花不知所措，目瞪口呆。小强则笑
逐颜开：

"一比零，先胜一局。"

梅少校驾驶的飞机转右，由于飞机的速度很大，其行程形成
了一个半径很大的圆弧。

唐机仅做少量航向修正，立即直飞，计算好到达梅机航迹弧
线前的大致时间，再向右转向，恰好在梅机尾后约 25 海里（46
千米）处。为摆脱对方咬尾追击，梅机使出全身解术，忽而横滚，
忽而急速爬升或俯冲，忽而又来一个类似后滚翻的倒飞大回环，
欲转入对方尾后。但唐机紧紧咬住梅机不放，利用一切可能的机
会逼近梅机，并寻找梅机背向阳光的有利位置。因雷达制导的两
枚导弹已发射完毕，武备中除机炮外，仅剩下两枚红外制导导弹。
机会终于来了，梅机在曲折机动逃避时，一时转向东方，相对

16:00 时刻的太阳处于背光位置，距离仅为 20 千米。唐机不失时机地射出两枚导弹，命中一枚，失效一枚。

梅机名符其实地成为"霉机"——（倒）霉（之）极了。

战后，总指挥、退役空军少将讲评道：

"04 号机驾驶员梅少校犯了骄傲轻敌的错误，大意失荆州。同时，对于突发的非正规战法不能灵活适应和迅速决定对策，以致首战失利，被对方击落僚机，力量对比优势转化为劣势。第二回合时，又判断失误，最终折翼海空，十分遗憾。07 号机驾驶员唐大壮虽然在第一回合中的战法上有所创新，但机动动作十分冒险，虽然取胜，实属侥幸成功，并不可取。需知在现代高速军机上，随心所欲的机动后果有可能机毁人亡。第二回合打得漂亮，作为一名业余军机驾驶员，能有这样的表现，十分可喜，应予表彰。你们有什么意见？"

梅少校和唐大壮几乎同声回答："没有。谢谢少将的讲评。"

梅花突然冒出一句："少将爷爷，我想看看爸爸的飞机。"

少将和蔼地说："当然可以，不过他们驾驶的不是真飞机，而是飞机模拟器。梅少校，唐先生，请带小朋友们去参观一下吧！"

梅少校立正行军礼："遵命！"

在飞行模拟大厅内，唐大壮指着一台外形有六条腿的小房子说："这就是我驾驶的 07 号飞机模拟器。"梅少校则指向另一台模样像大型离心机、顶端有个直径约 1.5 米圆形舱室的怪机器说："这是我驾驶的 04 号飞机模拟器。"此外，还有三条腿的设备及用类似陀螺框架支撑的设备等，大都怪模怪样。有两套飞行仪表练习器，外形像飞机驾驶舱，但却没有机身、机翼及尾翼

飞行仿真器

等，看上去不能运动。俩孩子不禁异口同声地说：

"这哪是飞机呀！"

梅少校将梅花抱入 04 号飞机模拟器的座舱，替她戴上头盔显示器。

"呀！我好像在一艘大军舰上的飞机里面，真有趣！"

小强也爬上 07 号飞机模拟器，看到了机场的情景。他提出能否请哪位叔叔给仔细介绍一下模拟器的技术。一位中年工作人员回答说：

"仿真大观园计划在学校暑假期间，为大中学生开办一系列仿真科技普及讲座，其中由我们承担介绍和表演模拟器技术。届时欢迎你们参加，并希望多邀请一些有兴趣的同学和朋友。"

"嗯，下个月我们就放暑假了，我一定来学习。"小强高兴地答道。

大家挥手告别，走出军事仿真馆大门前，梅少校还不忘到办公室与女中尉开了个玩笑：

"今天不幸被你言中，我大败而归，谢谢你的'诅咒'，哈哈。"

第三章

看今朝模拟训练增效益
望发展虚拟现实显神通

赤日炎炎似火烧，小康人家有空调，农工赤膊汗如雨，挥扇写字暂逍遥。篡改前人打油诗，是想形容盛夏人间光景，兼有自嘲之意。闲话少说，书归正传。

一周前，学校已放暑假，一些学生像摘掉笼头的马，只想放松身心，整天懒懒散散，无所事事；还有一些学生由父母安排，到各地旅游。因此，虽在暑假前，仿真大观园已将假日举办的活动日程和内容，提早分发给了本市的大中学校，但前来参加仿真科技普及活动的人并不多。

星期一上午，是仿真大观园预定举办训练仿真器通俗讲座的时间，柯灵灵向公司总裁唐大壮请了假，趁早晨比较凉爽，先来到教室坐等。待参加活动的人陆续进来，她突然发现一位熟人从身边走过，不禁站起身打招呼：

"刘阳！"

"呀！是小柯啊，你怎么没上班？"

"我们老板鼓励我多学点技术，今天让我来听讲座。你这位大博士怎么也来参加科普活动？"

"别瞎说，我距离拿到博士学位还早呢"刘阳说着又随手招呼同来的一个同伴：

"我来介绍，这位柯灵灵小姐原是我同学，由于她在班上年纪最小，大家戏称她为小师妹。当我决定继续读博士时，她却参加工作了。这位是我的师弟，叫马小喜，大学毕业工作了几年，又回头来读硕士。"

柯灵灵点头为礼，看这位同伴年龄已届二十七八，身材中等，显得很健壮。但衣衫不整，头发蓬松，圆圆的脸上带着亲切的笑容，眉目中颇有股灵气。

讲座主持人是航天航空大学教授，衣冠楚楚，眼镜和秃顶说明他是位学者。自我介绍后，他先来了一段开场白：

"现代科技要想用通俗语言举办一场科普讲座，确实较困难，我只能尽力而为，以高中文化程度为起点，主持这次训练模拟器的专题报告。模拟器现在正式定名为仿真器，译自英文 Simulator 一词，军队习惯上称为模拟器。但因'模拟'二字已有许多应用，如模拟电子学、模拟电路、早期的模拟计算机等，此处模拟是与数字相对应的。为免混淆，故现统称仿真器。在中文的习惯上，'器'字一般易使人误解为小型的东西，所以电力部门又把他们使用的电站培训仿真器改称仿真机。其实，无论是'器'或'机'，都没有形象地表达出其庞大和复杂的规模，最好称之为训练仿真系统。"

柯灵灵听见马小喜在向刘阳小声嬉谑道：

"技术讲座不讲实质性的知识，先来一通正名，未免太啰嗦。"

刘阳轻推他一下："要你多嘴多舌！"柯灵灵觉得马小喜不太尊重主讲人，言语显得有些轻浮。

主讲人继续说道："1943 年美国林克公司制造出第一台飞机模拟器，起名叫林克机，这可以算作仿真器技术发展的开端。"

马小喜又小声说："你看正完名又大讲历史，不知何时才能转入正题？我已经要打瞌睡了。"

柯灵灵不禁向他瞥了一眼，马小喜看出她的不满，解释道："柯小姐可能对我的唠叨不以为然。其实效率就是生命，那些陈年往事，除了浪费大家的生命外，不会使我们增加任何专业知识。"而后露出洁白的牙齿回敬一笑。

柯灵灵尚不习惯与陌生人这样交谈，未免脸一红显得有些尴尬。

刘阳出来打圆场："马小哈，你又犯了贫嘴滑舌的老毛病，赶快向柯小姐赔礼道歉！"

马小喜一副嬉皮笑脸样："柯小姐别生气，小生这厢有礼了！"

柯灵灵扑哧一笑："刘阳多事！我没有生气。但是马小喜怎么又变成马小哈了？"

刘阳答道："会后再说，有一段故事可听呢。"

马小喜连忙打趣道："大师兄又要揭小师弟的短处了。"

三人嘀咕时，漏听了主讲人的一大段说词，只隐约听到二次大战前后军队使用的训练模拟器，后来又是美国三里岛核电站事故及电站模拟器等。主讲人已讲到仿真器技术内容，他说：

"主要用于培训人员的仿真器，技术上要实现围绕操纵或操作者构成逼真的模拟环境，例如一个飞行员在典型的飞机仿真器中，他所用到的驾驶舱小环境包括舱内结构、仪表、操纵设备、各种开关指示灯等，必须与真实座舱相同。他看到的窗外大环境，如机场建筑物、跑道、草坪和周围的树木等，都应与真机场一样。"

"在跑道上滑行时，周围视景也随着飞机运动相应变化，升空或降落时，应能俯视机场附近地面的全部景象，并且视景应该是'立体的'，也就是所谓三维视景。视景当然也要包括昼夜景色的不同，雨、雪、薄雾等大自然的变化。飞机加速运动时会使人体产生超重的感觉，同时它的姿态角的变化，也会被人体感受到。所幸人体对匀速运动无感觉。所以飞机仿真器应有产生上下、前进和横滚时加速度的能力。驾驶员使用操纵杆、方向舵踏板、速度手柄等操纵飞机时，模拟飞机将出现与真飞机一样的响应，甚至驾驶时手脚所用的力度也应与真实情况相同。此外，还有仪表的指示变化、地面与空中风速、风力对机身的影响作用等，也要求模拟出来。这一切是如何实现的呢？"

说到此处，主讲人停顿了几秒，并用目光扫视全场，接着说道：

"有些人可能已猜想到，核心技术是使用计算机，也就是普通人俗称的电脑。遗憾的是电脑不具备人脑的智慧，它只能靠人编制的程序才能运行。对仿真器而言，它的运行程序就是仿真软件，而仿真软件又是根据描述被仿真对象的数学模型（数学公式）编制的。被仿真的对象种类繁多，如交通工具有飞机、轮船、火车、汽车等；能源领域有核电站、火力发电站、水电站、输变电站等；军事领域有大小舰船、潜水艇、军用飞机、直升机、坦克、装甲车等；武器装备则有各种导弹、火炮、鱼雷、炸弹、雷达、声呐等，以及航天领域的运载火箭、载人飞船、空间站、月球车等。它们的数学模型通常都相当复杂，但有些也是容易理解的。开发模拟器不仅要有被仿真对象的数学模型，而且三维视景也可看成另一类的对象，同样要凭借描绘自然和人造物体的数学模型，让计算机实时地产生所要求的视景，并加以显示或放映出来。每一时刻的视景当然要依靠人眼的位置不同而随之变化。"讲到这里，主讲人突然转变话题：

"上面讲了一大堆，大家一定感到十分枯燥。现在休息15分钟，然后继续进行讨论，最后安排去看几种训练仿真器，有些具体技术细节，我们可以在现场对照实物再做解释。"

会场立即轻松起来，大家鼓掌表示欢迎。

刘阳等随众人一齐去教室外散步。柯灵灵对马小喜殊无好感，不想多说话，三人一时找不到话题。为打破沉默，刘阳笑着说：

"小柯，想不想听听我这位师弟的逸闻趣事？"

"唉呀，还是别了。"马小喜阻止道。

刘阳笑道："早年间有一个著名的相声段子，说的是一位粗心大意的人，名叫马大哈。"

柯灵灵看了一眼不修边幅、手足无措的马小喜，不禁扑哧一笑。

"我这位师弟出生于东海的渔民家庭，从小被陶冶成渔家的性格，豪爽、真诚和直率。大学毕业后参加工作，在自动化工程方面已能独当一面，成为了很出色的工程师。但因感到知识不足，毅然放弃薪金较高的职业，返校攻读硕士学位。他刻苦认真做学问的态度，很快赢得教授们的赞扬。他只有一个缺点，就是生活作风粗放。别看他工作已有几年，但至今尚未成家，不善自我管理，常常丢三落四，闹点小笑话。因此，同学们比照马大哈，将他的'喜'改作'哈'，戏称他为马小哈。"说着，和马小喜两人都忍俊不禁，一起笑了起来。

马小喜说："以后还请柯小姐多加帮助，不吝指教。"

"岂敢，岂敢。"

刘阳的一席话，减少了柯灵灵对马小喜的恶感，同时，刘阳又进一步介绍了马小喜的情况，更加缓解了两人间不够愉快的气氛，真可谓一箭三雕。

回到教室，大家继续听讲座：

"刚才提到数学模型，中学文化程度的听众可能对此名词感到陌生，但大学生则早已熟知。其实，中学生对此也不难理解。物理课上讲到的牛顿定律 $F=ma$ 公式，就是一个典型的数学模型，它描述了质量为 m 的物体，在外力 F 的作用下，产生加速度 a 的现象。计算出加速度，乘以时间，就可得到物体的速度。有了速度也可求出其每一时刻的位置。这个几乎尽人皆知的数学公式，却是许多运载体型仿真器使用的数学模型。前面提到的许多仿真对象，如飞机、车辆、船舶和导弹，甚至宇宙飞船等，都是刚性物体，它们的运动是由各类发动机提供驱动力产生的。所以，它们运行的仿真，恰好用上了牛顿定律。但是，对于不同物体，作用其上的不仅是驱动力，还包括阻力和操纵时产生的附加力和力矩。运动阻力又因物体所处的介质不同而异。哪怕是同一种介质，也可能发生变化。例如：飞机是在空气介质中运动，但空气的密度却又随高度不同而变化；船舶是在水介质中运动，它的阻力又可分为兴波阻力和摩擦阻力，水下运动的潜艇所受阻力却只有后者。不仅如此，物体的形状不同，它的阻力系数也不同，大部分很难凭外形计算出来，需要通过风洞或水洞的实验数据才能获得。

有些物体质量也是变化的，如多级运载火箭运行时，要将推进剂耗尽的一级抛去，质量会发生突变；就是在火箭的任一级推动下，由于推进剂不断消耗，质量也将改变。就算一般人认为简单的汽车仿真器，它随道路铺设材料的质地不同，以及干燥、雨水、冰雪等状况，车轮的摩擦阻力也不同；汽车外形在运动时受到的空气阻力，属于空气动力学问题，若再加上考虑上下坡、刹车程度等，它所受外力的计算公式或数学模型也是很复杂的。

"我们再回到飞机仿真器，由于飞机是在空间运动，为了获得它的空间位置，通常都使用立体直角坐标系（x，y，z），将其运动分解为三个方向，使用三个牛顿公式，每个形式相同的公式中，外力（包括驱动力和阻力）均不相同。同时，飞行姿态也有三个角度，即俯仰角、横滚角和偏航角。角度的计算公式仍然是牛顿定律，不过外作用力是力矩 M，质量则用物体的转动惯量 J 取代，加速度换成角加速度，即 $M=J\omega$。这样，飞机飞行的数学模型，起码包括六个方程式。只有熟悉飞机空气动力学的专家，才能准确建立飞机的数学模型。对于飞机仿真器而言，这还不够，还需考虑发动机推力的数学模型，以及各操纵面，包括垂直（方向）舵、水平舵、副翼、襟翼等作用力的计算公式，高、中、低空的风力作用模型，以及起落架收放时，触地震动和地面滑行的计算模型等，最后再配上前面提到的生成三维图像视景的复杂数学模型，这样才能满足建立飞机仿真器所需的数学模型。将所有的相关数学模型转化为计算机能执行的程序，从而构成飞机飞行仿真软件。为了管理飞机仿真器的运行，尚需设立教员站，承担仿真器的开机、停机、暂停、恢复、重演、回溯、事件（操作）登录及评分等项工作，这是仿真器教员站软件的任务。"

　　讲到这里，主讲人稍作停顿，说：

　　"好了，就此打住罢。上面对仿真器技术通俗的介绍，相信多数人都能听得懂，但高等院校高年级以上的学生和毕业生，会觉得太过浅显，希望更具体和深入一步。好在以后还有机会，我们可以一起开个讨论会。现在请大家再休息 15 分钟，然后有人带你们去飞行模拟大厅，参观飞机仿真器。"

　　在飞行模拟大厅，大家跟随主讲人走到一台有六个液压缸支撑着的小房间状的模拟器前，听他介绍："在教室中讲到，飞机在空间的位置是由直角坐标系决定的，数学模型计算出在 x，y 和 z 方向上的加速度，仿真器中的驾驶员是如何感觉到的呢？这六个液压缸构成很巧妙的特殊结构，它们的组合运动，将使模拟座舱按加速度信号的方向和强弱，使座舱产生三个转角方向的角加速度。我们称之为六自由度运动仿真平台。"他一边说，工作人员一边启动平台表演，每个人都看得很清楚。马小喜问道：

　　"液压缸活塞杆的行程有限，一次动作如果达到极限，若再有同向加速度信号怎么办？"

　　"你问得有道理，首先要明确加速或减速的短暂时间内，才有正或负的加速度信号；其次，人体对于匀速运动感觉不到，当加减速过程结束，物体进入匀速运动阶段时，活塞杆将缓慢地恢复到初始位置。"

　　马小喜继续问："缓慢恢复也还必定存在较小的加速度呀？"

　　"人体对加速度的感觉有个阈值，通俗地讲就是一个低限，低于 $0.02g$（$g=9.81m/s^2$，为重力加速度）时，基本上就没有感觉。因此，在恢复初始位置的过程中，液压缸动作的加速度将小于此值。"

六自由度飞机仿真器

"这套机构产生的姿态角也是有限的，怎样解决军用飞机的连续横滚和翻斤斗呢？"

"这正是六自由度液压平台的缺陷，它十分适用于模拟民航机的起降过程，对于歼击机、强击机等机种的特技动作无能为力，而且它产生的最大加速度也太小，不能模拟空战飞机的动作。"

他挥手请大家走近大型离心机式模拟器："请看这一台，靠离心机的离心力，可以产生很强的加速度，它的模拟座舱又可以横滚和翻斤斗，比较符合模拟作战飞行的需要。不管什么样的运动仿真平台，显然也都是由计算机控制的，因此，必须装入一套飞机运动仿真软件。它的功能是将各项加速度和姿态角的数据，转换为液压缸伸缩速度和行程，或是离心式活动舱的机械运动。"

教授用手指着六自由度模拟器说："请各位依次登机，体验一下飞机起降和飞行的感觉。不需动手操作，飞机将按程序自动飞行。"

马小喜抢先进入平台上的小房间。原来房间内部是一个模拟座舱，窗外是180°的机场场景。飞机开始依程序在跑道上加速滑跑，场景随之变化，他同时感到了前冲的推背力将他压向座椅靠背，飞机脱离跑道，昂首向上飞，然后向左倾侧和转弯，地面上的公路、小河、居民区及田野树木等，无不历历在目，影像很快掠过；围绕机场转了一圈后，出现起落架放下时的轻微震动，随后对准跑道开始降落，产生起落架触地的震动感，在跑道上奔驰时轮子与地面摩擦产生的振颤，以及减速时身体向前冲的感觉。停稳下机后，他赞叹道：

"乖乖隆地咚，真了不起，几乎和坐真飞机一样！"

他走向主讲人，诉说自己的感受，同时比划着动作。柯灵灵远远旁观，被他的热情和求知欲所触动，产生了一些佩服和好感。

第二个参观项目是位于交通仿真馆的一台相当庞大的船舶操纵仿真器。进入宽敞的模拟船桥（驾驶舱），舵轮、舵角指示器、车钟、雷达、电子海图、卫星导航仪、电罗经指示器、航速表及高频通讯机等设备呈现眼前，前后和两侧的一排舷窗，以270°的视场宽度，显示出海上场景。操船人员有船长、大副（即航海长）、舵手、车钟手、领港人员等。从窗外视景看来，船舶好像正在驶向港口，迎面来了一艘客轮，两船交错，擦左舷而过。船舶逐渐靠近防波堤，在海浪中，视景轻微的上下起伏和摇晃，产生船体似乎在浪中摇摆的感觉。随着船长下达的船速和舵令，船舶徐徐穿过防波堤进入港口，岸上的建筑群和码头仓库等设施，看得更加清晰，衬以远方城市和更远处的山峦背景，视图的海岸景色美不胜收，使人油然生出远航归来的心情。

船舶操纵模拟器

主讲人介绍道："船舶操纵仿真器最突出的特点是超宽视景，由七台计算机组成的三维成像视景生成系统，使用了七台专用投影器投出七个衔接在一起的画面，画面间使用无缝连接技术，和在圆桶形幕上画面畸变的校正技术。"

大家表示大开眼界，对气魄宏大和逼真的场景叹为观止。

最后"一站"来到园区内的仿真技术研究所。一个不大的房间，室内除几台微机，还摆有几台样式很怪的靠背椅，旁边案子上堆有头盔、手套和马甲状上衣。除了靠墙有一个书柜，几乎别无他物。主讲人指着一台类似理发店的椅子，对马小喜说：

"这位同学很大胆，请你将案子上摆的衣物穿戴起来，坐上去试验一下好不好？"

他接着说："这是一台魔幻椅，坐上它，可以随意指定模拟开飞机、汽车、火车或快艇等。甚至可以进行宇宙航行，在太阳

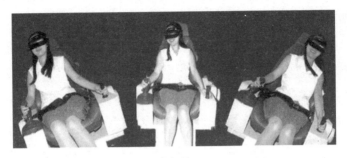

魔幻椅

系中遨游一番。"

马小喜坐下并系好安全带，主持人帮助他戴上头盔，并接通
信号线，问：

"你想做什么？"

"我还是驾驶飞机吧！"

一旁的工作人员开始在微机上调出飞行仿真软件。

"你不会开飞机，只能听我的指挥进行操纵。开始！"

只见座椅连同脚踏板缓慢地向上升起约30厘米，突然听到
马小喜十分惊奇地说：

"咦，我已经坐在飞机驾驶舱中了。"

"现在请你先熟悉一下操纵设备，两腿之间是操纵杆，左手
有一根速度推杆，前窗下方仪表从左至右是航速表、姿态指示器、
航向指示器和高度计。左边开关和指示灯用于升放起落架。其余
还有一些设备，你先不要管，也不要动。看清了没有？"

"看清楚了。"

有人小声说：

"这是催眠术，使他产生幻觉了吧？"

指示操作命令仍在继续："请用右手握住操纵杆把手，左手

放在速度推杆上。"

只见马小喜的左、右手迅速就位，从手形上看，他似乎真的握住了东西。

"推动左手速度杆！看速度表指针达到红色刻线时，右手向后拉操纵杆。"

"呵！我在跑道上滑行，速度越来越快。我已扬起机头，飞离地面，直插天空。真神奇！"

"高度计指示多少？"

"已超过 800 米，还在继续上升。"

"将操纵杆复位。"

座椅开始放平。

"左脚踏下方向舵踏板，操纵杆向右稍推，压住飞机的倾斜，改变飞机航向。"

座椅稍向左倾斜，并向左转动。

"哈哈，我的飞机向左转弯了！"

"现在你可以自己操纵飞机遨游蓝天了，但注意操纵杆动作不能过猛，以免飞机产生激烈响应。限时 5 分钟。"

座椅随着马小喜虚拟的手势在改变角度，他在轻笑中自言自语："空中鸟瞰祖国大地，锦绣河山真美，心旷神怡啊！"又轻哼小调，得意忘形。见此"疯态"，大家无不莞尔一笑。

"现在停止你的操纵，将由自动程序控制返航着陆。"

马小喜摘掉头盔幽默地说："原来我原地未动啊。真像做了一场白日大梦，可我并未入睡，梦境却记忆犹新！"

目睹此神奇情景，大家争先恐后地要求登上座椅。

主持人说："这么多人要体验，耗时太多，咱们来个变通的办法，轮流戴上头盔，用一两分钟体验一下吧。"顷刻，有要求坐飞机的，有要求坐汽车、快艇、火车、地铁，甚至直升机等的，大家最终都如愿以偿。

最后一位体验人是柯灵灵，她提出多用几分钟去看看月亮。主持人笑着答应了。

她在头盔中看到的立体景象，犹如在黑暗的太空中飞行，中途遭遇并躲过陨石袭击，绕过庞大的空间站，观看了流星雨，最后接近月球，绕它一周，从近处看到了它明亮的一面，又经历其黑暗的一面，返回时看到蓝色地球漂亮的外貌。在短短的时间内，真像做了一场遨游太空的梦。

大家迫切要求主持人讲解其中的奥秘。

"说不上什么奥秘，这就是虚拟现实技术应用的一个实例。我国著名科学家钱学森称之为灵境技术，这'灵境'二字颇为传神。至于有关虚拟现实技术的通俗介绍，请允许我在这里卖个关子。欲知后事如何，且待下回分解。后天将有虚拟现实的通俗技术讲座，欢迎各位参加。"

众人在啧啧称赞声中陆续散去。

第四章

窈窕女生活失意多坎坷
鲁莽汉聪慧好学获青睐

柯灵灵随刘阳和马小喜走出仿真大观园。时近中午，刘阳说：

"小柯，我请你吃午餐，如何？"

"谢谢！我还要赶回家看妈妈。"

马小喜殷勤地说："我们送送你吧。"

"不用客气，我乘地铁很方便。再见！"

分开几步，柯灵灵突然回头说：

"大刘，本周星期五，仿真大观园有个仿真沙龙聚会，轻松愉快，随意发言，探讨仿真技术领域的理论和实践问题，很有启发性。我每次都参加，不知你有没有兴趣？"

"多谢关照，我们一定去参加。"

柯灵灵的背影渐渐消失在街头行人中。

刘阳问马小喜："你看小柯这人怎么样？"

马小喜一头雾水："什么怎么样？"

"你对柯小姐的感觉如何。"

"我现在满脑子都是虚拟幻景，暂不关心现实的问题。"

刘阳开玩笑道："我就是希望你，暂抛虚无于脑后，关怀真人谈感觉。"

"才见一面，没有多少印象。只觉得她有点清高，看不惯我的浪荡样子和随随便便的作风。君不见，周五沙龙只邀请你，不屑一顾我小生。"

刘阳不禁哈哈大笑："你这男子汉怎么如此小肚鸡肠！但也说明你十分在乎她对你的态度，一改常态。走吧，跟我一起去吃快餐，下午我还有事呢。"

路过麦当劳和肯德基店，马小喜拒绝入内，愤慨地说：

"全世界都知道中国菜最好吃，想不到洋快餐竟然能够在中国大行其道，难道也想将中国的孩子改造成肥仔和胖妹吗！"

刘阳笑道："未免言过其实了吧。"

两人进了一家中式小吃店，要了凉菜、啤酒，每人一碗牛肉拉面。

就着酒，刘阳说道："小柯大学与我同班，她年龄最小，性格外柔内刚，长相清秀脱俗。大三时，班上一些男同学开始向她进攻，但她都以学业为重加以拒绝。她的学习成绩优秀，男生们背后叫她'冷才女'。直至面临毕业的第四年，渐渐传出班上的赵伟杰，正与她暗中拍拖。赵伟杰相貌堂堂，风流倜傥，学业也很好，女生们暗中称他为'赵公子'。这一对璧人，公认为是一双两好。毕业后，我和柯灵灵继续攻读硕士，赵伟杰却去了美国某大学读学位。这期间我与你的师嫂结了婚，她也是我的大学同学，班上人称她为大姐，叫我大哥，我和她年龄在班上男女同学属最大，故也当之无愧。在读硕士第一年岁末，新、老同学一起聚会，一位留美同学回家过春节，也来参加聚会。他不认识柯灵灵，在餐桌上酒酣耳热之时谈起婚姻之事，说赵伟杰在美国已结婚，妻子是位在美国读书的香港小姐。聚会的大部分是熟人，听后不觉一愕，小柯面色惨白，低头不语，一时静场。那位同学此时才自知失言，后悔莫及。经事后了解详情，知与赵伟杰结婚的是一位香港豪富的千金，人很漂亮，她看中才华横溢的赵伟杰，拼命追求，半年多时间终偿所愿。你师嫂去安慰小柯，她一笑置之，淡淡地说：'这是现代社会的时髦现象，不足为奇。'但她母亲却透露女儿为此事关起房门哭过多次，把两人的一些信件和日记全烧掉了。"

马小喜感慨道："世道重财富，人心多变故，此之谓也。"

刘阳接着说："祸不单行，小柯的父亲是教了一辈子书的中学老师，积劳成疾，也在这一年不幸去世。小柯的妈妈是位模范小学老师，家中经济本不富余，这样一来有如雪上加霜。我和同学都想帮助她，但她一概不接受，只说：'母女二人所需不多，多谢费心。'自此以后，小柯加倍努力读书，仅用一年时间就取得全部学分，再用半年通过了硕士论文，毕业后很快找到了工作。"

马小喜听罢，不禁扼腕叹息。两人默默吃完饭，怀着沉重的心情匆匆分手。马小喜心中暗暗思量："刘阳给我详细介绍小柯，其意甚明，用心良苦。自己与她只是初次会面，未免太心急了一些。虽说对她有好感，特别是听了有关她生活上的坎坷，更增加了几分敬意。但不知为什么，对她总有些自惭形秽，大概是还没有触及爱情这根弦，缺少应有的激情吧！"他摇摇头，抛掉了几丝惆怅，自言自语道："顺其自然，还是回到虚拟现实中吧！"

星期三是预定虚拟现实技术科普讲座的日子。由于仿真器讲座及演示效果较好，这次来的人比上次多了许多。

讲台前的桌案上，放置有头盔显示器、数据手套、数据服装等虚拟现实技术常用设备。主持人操纵着讲台上的微机，大屏幕投影出现了一行大字：虚拟现实技术介绍。画外音："本讲座将以通俗语言讲解虚拟现实技术，目的是普及这项高科技，推广它的应用范围。"转过一页字幕：虚拟现实常用硬件介绍，头盔显示器、数据手套和数据服装。画面显示出头盔显示器的剖视图像。主持人开始解说：

"虚拟现实所使用的头盔显示器，在飞行仿真器等训练仿真系统中，有时也使用。"他用激光教鞭指着图像继续说："头盔内双眼各有一个微型彩色液晶显示器，用于显示大、小环境的视景。首先，人的大脑有'视觉暂停'的生理现象，即通过眼睛传递到大脑的外景图像，将在脑中保留 20~40 毫秒时间，所以放电影时，影片以每秒 25 帧的速度运行，看上去画面却是连续的。其次，两眼之间有间距，相对同一外景，左右两眼的视点不同，即观察角不同，进入大脑的图像也不相同，但在'视觉暂停'的极短时间内，却足够大脑运作，将它们合成为一幅立体图像。利用这一原理，头盔中左右两块液晶显示器上分别显示左右视点的不同图像，将使观者看到立体景观。但人的头部可以随意运动，而且处于载体上的人员，由于载体运动时产生的不同姿态角，也将使头部随之变动，从而图像也做相应的变化。在头盔上安装一套头部动作自动跟踪系统，利用地磁或旁边设置的强磁铁，事先校正头部不动时的正面方位，作为头部左右转向角的起始点。再设置一个能够检测俯仰和侧歪的姿态传感器，这样即可获得头部三个姿态角的信号，将其输出到计算机。计算机实时处理后，输

头盔显示器

出与这三个姿态角相适应的视景画面。最后，通过附设在头盔上的立体声耳机，播出周围环境的声响。因此，头盔显示器一身具有三种功能——三维（立体）显示、头部自动跟踪和立体声（耳机）播送。"

报告到此暂停，主持人走下讲台，拿起头盔说：

"这台显示器已通过信号线与讲台上的微机相连。现在请哪位朋友自告奋勇前来做演示。"

话音刚落，一位年轻人快步抢先上前，原来是唐小强同学。主持人让他面向讲台坐好，一边帮他戴好头盔，一边对大家说："试验时，在大屏幕上同时放映出这位同学所看到的景象，同时扬声器也会传出他耳机中的声音。"

之后，他回到讲台上的微机前，一边操作，一边说："请这位同学先坐汽车。"

大屏幕上立即显示出坐于汽车驾驶位置的景象。汽车正在沿着道路缓慢前行。"请低头"，屏幕出现车内仪表，速度表指针清晰地显示车速为每小时 30 千米。"请向左看"，左侧窗外几幢大楼正向后退去。"请向右看"，右侧窗外是人行道和一排商店。"抬头"，是车顶篷和中央后视镜，镜中有一位后排乘客在做鬼脸。大家都笑了起来。

"现在换个环境，请你坐飞机。"

图像很快变为飞机驾驶舱，前窗外是跑道。唐小强同学向左看到了巍然耸立的航母上层建筑，惊奇地说："啊！我停在了航母飞行甲板上。"周边是波涛滚滚的大海。

主持人说："休息时间还可以再试验。现在进行第二项，数据手套。"

他将数据手套戴好后，屏幕上立即出现左右两只手的图像。他相继举起左右手，开始握拳，并逐步松开手指，随后又向两个方向摇动手腕，图像中的手也随之做着同样的动作。他解释道：

"每只数据手套上有 20 个以上的传感器，这些传感器随着手的运动和手指每一个关节的动作，将信号传输给计算机，屏幕上的图像手也随之而动。还在手套上的手指、掌心等适当部位，布设了 20 多个力反馈点，当它们在虚拟图像中'接触'到某个物体时，各部位的力反馈点处将产生反作用力，使人手产生碰到了真实物体一样的触觉。显然这将首先要解决手与虚拟物是否'接触'到了，判断'接触'与否，依靠物体的空间坐标和所谓碰撞算法的程序来确定。"

马小喜感慨地说："怪不得我在虚拟座舱中握住虚拟的操纵杆时，会有手握真杆的感觉。这套系统实在神奇，但太复杂了。"

听到马小喜这一番话，主持人解释说："数据手套虽然具有

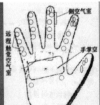

数据手套

上述功能，但它距离你所说的神奇还十分遥远。例如，手套对所'触'物体，没有材料的感觉，如无论是钢铁或木材，手将一视同仁、不能分辨，若碰上柔软的布料，它很难使人产生真实感。"

马小喜又大声发问："就算物体在虚空中的坐标是明确的，但手臂的运动有随意性，它怎么能够接近物体，并触碰到它呢？"

主持人回答道："刚才你讲过在虚拟座舱中，用手去握操纵杆的情况，请问你的手是如何找到操纵杆并握住它的？"

"我看到了操纵杆所在的位置呀！"

"你怎么看到的呢？"

"从头盔中显示的虚拟座舱环境图像中看到的。噢，我懂了，数据手套必须与头盔显示器一起使用。"

"对了，它们同属于虚拟现实技术配套的设备，必须一起使用。头盔帮助你脱离当时所处的真实环境，因为它将你的眼睛、耳朵全都屏蔽起来，使你沉浸到虚拟的环境中。此时，你看到、听到和接触到的一切，都是三维虚拟世界中的东西。因此，通过眼的观察，使手接近并欲碰触到某一物体是很自然的事。你的手动作时，像刚才在屏幕上看到我的手动作一样，有一只隐形的虚拟手也在同样动作，当虚拟手轮廓中某一点的坐标接近并与虚拟物体坐标重合时，你的手套接触点立即会对手产生反馈力。所谓碰撞算法，就是实现上述原理的计算方法。将之编写成程序，由计算机去执行，即完成了这一功能。"

大家静静地听着他的解释。

"不知我对上面所做的通俗解释，大家能否接受？"

"原理基本听清楚了，问题在于具体的实践方法。"马小喜急切地答道。

"实际上专家们早已完成全部的工作，随着虚拟现实设备开发出来，相应的软件，如碰撞算法程序等，也已与硬件一起作为产品出售，只需选购回来，按说明书学会使用方法即可。至于数据服装，它的工作原理与数据手套类似，对身体姿态、转折关节等处设置足够数量的传感器，可将身体运动信号引出，我就不再详细介绍了。现在大家可以自由活动，欢迎到前面来亲自体验一下虚拟现实技术。"

听众一哄而起，迅速围向讲台前。

在整个讲座期间，马小喜一直关注坐在附近的柯灵灵的一举一动，但见她自始至终保持沉静。趁着自由活动，马小喜不失时机地问柯灵灵：

"你在想什么？"

"我在消化讲座内容呀！不知你有何新的想法？"

"我还没入门，哪来的新想法。只有一个感觉，虚拟现实技术应用的前景可能非常广阔。"

"据我所知，现在这个新技术，已经在许多领域获得应用。

"但既称虚拟，何必现实，只要是能够虚拟出来的任何环境，包括历史场面、神话世界、天上人间、梦幻情景等，人们都可以置身其中。千变万化，岂不十分有趣。"

柯灵灵见马小喜思维敏锐，能迅速做到举一反三，不由心生好感。

刘阳插嘴说："实际上现在统称为虚拟技术，已经囊括了模拟现实和非现实的一切内容。上个世纪末，美国的一所仿真学院，在所开课程中就有一门神话学，并且虚拟博物馆等系统也早已存在，参观者不但可以置身其中，还可以贴近参观，甚至可以手持一些三维的虚拟展览品。"

周围的人听到他们的热闹讨论，也参与进来，很快形成了一个小型讨论会。有人提出："现在流行的科幻影视作品，是否也可归入虚拟技术中？"

马小喜略加思索后说道："这类东西不能算在内。虚拟技术领域应该有个界限，称得上该技术的，我想应具备下列功能。首先必须允许参与的人在所构成的虚拟环境边界以内任意自由往来；其次处在虚拟环境中的人必须能与环境进行交互。这两条应是虚拟技术领域的必要条件。"

柯灵灵进一步感到马小喜的归纳能力较强。作为刚开始了解一门新技术的人，能提出这样的见解，不能不承认他的聪慧和出众的才能，心中的好感倍增，开始对他性格轻浮的感觉，也在不知不觉中烟消云散。

马小喜接着说道："对于目前正在发展的虚拟技术应用系统，也不一定呆板地拘束在上述必要条件之内，比如虚拟若干江南著名的花园，甚至虚拟出《红楼梦》里的贾府大观园，只要能满足第一个条件，也是很好的事。在身处虚拟花园游览的人，除了上下楼梯等行动外，很难与花园发生交互。"

刘阳说："法国某个跨国公司，曾建立了一套核电站控制室的虚拟现实系统，用于培训电站管理人员，不但可以在此虚拟环境中观察盘台上各类仪表的读数，还可以在盘台上点控开关和按钮，甚至在操作站上进行更复杂的操作。但该公司认为，让人戴上头盔进行工业生产领域的培训，是很不自然、不可思议的事，因而终止了这一试验。"

有人补充说："我国也已建成船舶机舱的虚拟现实系统，并已正式用以培训人员。"

在大家的议论纷纷中，主持人宣布散会。

柯灵灵、刘阳、马小喜和唐小强一起离开会场向外走，柯灵灵见小强一直没有加入讨论，怕他孤单，便拍着他的肩膀说：

"我们的中学高才生有何观感？"

不料小强十分诙谐地说："我像刘姥姥初进大观园，但没有像她那样故意出洋相，只因是外行，无法冒充内行乱讲话。这些高新技术确实非常吸引人，来一趟学到了不少知识。"

柯灵灵笑道："说到《红楼梦》，我想起书中的两句话，用来形容虚拟技术十分贴切。"

马小喜忙说："请道其详。"

柯灵灵慢声低吟道："假作真时真亦假，无为有处有还无。"

马小喜拍手笑道："真正切题，你怎么想出来的。柯小姐不愧才女之称。"

柯灵灵脸颊微红，白了他一眼："谁要你说奉承话！"不好意思地转过头来，恰好看到刘阳在掩嘴偷笑，不禁嗔声问道："你笑什么！"

刘阳说："我也想起一句《红楼梦》中的话，'是几时孟光接了梁鸿案？'请问是几时？"

柯灵灵更加不好意思了。

小强对这些虽不大通，但也不甘示弱，凑趣说道：

"我也想起《红楼梦》中王熙凤的一段话，'你们大暑天，谁还吃生姜呢？'不然怎么脸热辣辣的？"

柯灵灵轻啐道："小鬼头懂什么，也来添乱。"

刘阳在一旁哈哈大笑。

四人相伴走出园门，刘阳拉着小强的衣袖说："跟我去买冷饮。"

柯灵灵站在树荫下用纸巾擦汗。

马小喜讪讪地说："小柯别恼，我是无心的，惹出这些疯话，我向你道歉。"

"没关系，年轻人在一起开几句无伤大雅的玩笑，何必如此认真！"

此时，刘阳和小强拿着纸筒冰淇淋回来了，大家分而食之。

马小喜对刘阳和柯灵灵说："今天的讲座对我很有启发，我有些不太成熟的新想法，想约个时间向二位请教。"

"怎么自认一贯直爽的莽汉，今天却要如此假惺惺作态。实话实说，我的创新能力不如你，当不起'请教'二字，还是让我们一起听听你的新想法，相互讨论。周五晚上要参加仿真沙龙聚会，那就定在下周日吧。地点嘛，学校集体宿舍太乱，我家小孩太顽皮，小柯家最安静，建议去她家，大家同意吗？"刘阳说。

柯灵灵爽快地答应了。

第五章

怪老头妙语主持沙龙会
马小哈新意迭出惊众人

从星期三开始，仿真大观园露天电子彩色宣传大屏幕上，周期性地显示如下通告：

仿真技术漫谈会（沙龙）
主题：仿真技术的应用及创新
时间：本周五 18:00
地点：本园新落成的虚拟旋转餐厅 *
供应：自助餐（每位 60 元）
热烈欢迎各界人士参加

前来参会的人员十分踊跃，原计划 50 人，竟来了 100 多人。这中间有一些客人是冲着参观首次开放的虚拟旋转餐厅，并享受一顿便宜晚餐来的。

刘阳、马小喜、柯灵灵及唐家父子等来得较早，他们陆续进

---

* 虚拟旋转餐厅设想，已由本书作者申请专利，仿此建筑者必究。

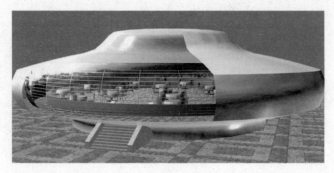

虚拟旋转餐厅外形

虚拟旋转餐厅内部

入大观园。园区右侧原有的建筑工地，临时遮挡围墙已被拆除，矗立着一座银光闪闪的大飞碟，直径约 14 米，高 6 米多，外壳周围没有窗户，只有一道可以拉起和放下的短梯通向内部。登梯进入后，看到圆形空间周围共开设了 15 个高 1.5 米、宽 2 米的玻璃窗，国内某大城市的视景正在缓缓旋转，掠过窗外，感觉好像餐厅在慢速旋转。

会议时间到了，大厅内已是座无虚席。主持人是一位身穿西装、打着红领带的中年妇女，她吹吹话筒试音后致辞：

"我是本餐厅的经理，首先让我代表仿真大观园的主管及本餐厅的全体员工，对大家的光临表示热烈的欢迎（掌声）。今天是虚拟旋转餐厅首次试营业，并接待这次仿真技术座谈会的召开。现在客人较多，我们准备分成两步，前 1 小时为参观、就餐时间，将请大家欣赏国内外著名的旋转餐厅窗外风光；1 小时后，参观的客人可以退场，参加座谈会的人留下来开会。谢谢大家！"

音乐声随之响起，客人纷纷走向餐厅中心的大圆桌取食。刘阳他们自成一桌。马小喜注视着窗外道：

"视景图像很真实，特别突出的是它的立体感很强，不知是怎样做到的？"

刘阳说："我们系里有几位教授参加了工程设计视景系统，我听过他们的一次报告，他们采用的是改进过的虚像显示技术，名称是无限广角虚像显示系统，在 20 世纪末，首先被用在大型民航飞机模拟器上。法国一家跨国公司用同一原理，研制出轻武器射击仿真系统，称之为二维半（2.5D）显示技术。我国也很快开发出同样的系统，用于轰炸机模拟器，并且制造出与法国一样的轻武器射击仿真系统，安装在本园军事仿真馆陆军分馆的一个展厅中，对外开放，凡欲练习轻武器射击技术的人都可以进去。"

马小喜问："能否请大师兄详细介绍一下此项技术……"

他的话突然被小强大声打断：

"瞧，窗外景象变了，好像是在外国的一家旋转餐厅内。"

众人注目，一片异国城市风光映入眼帘。

刘阳接前说："投影器先将图像投射于一面镜子上，再反射到一个经精密计算制作的曲面凹屏，形成具有较高景深感的图像，这就是虚像显示原理。如有兴趣，不妨去陆军分馆模拟靶场看看。"

小强立即应声："我想去见识见识，顺便打几枪过过瘾。"

忽然听到有人喊："怎么突然到深夜了！"

大家看去，窗外已进入暗夜，空中星星在眨眼，远处朦胧的山顶上，一轮明月照人间，近处高楼大厦窗灯密集，街灯沿大道连成一串，甚至可以看到附近十字路口的红绿灯和开着前后灯奔驰的汽车，商店霓虹灯五彩缤纷地闪烁，好一派万家灯火的现代都市风光。柯灵灵半天没讲话，此刻亦忍不住大加赞叹：

"太美啦！这个虚像显示系统真了不起。"

片刻后，女经理悄悄拿起话筒：

"就餐和参观到此结束，欢迎各位常来光顾。"

人们络绎散去，剩下的不足30人重新调整座位，相对集中后，女经理挥手笑着招呼道：

"陈老，请您到前面来，下面该您的'戏'开场啦！"

话声刚落，只见一位身着整齐中山装、满头白发的老者，挺直腰杆走过来：

"我叫陈也新，肚子里陈货新货俱全，脑子里新旧思想都有，所以我的人也既陈旧又新鲜。"这种别开生面的自我介绍，惹的一阵哄堂大笑。他接着说道：

"有位青年说我都老朽了，何来新生。我回答，人老童心在，君不见金庸先生的武侠小说中有个老顽童，虽老犹童，与我有几分相似。可惜本人没有武功，绝不经打，只会立即投降。"

一片嘻哈声，气氛十分活跃。陈老接着说：

"闲话就此打住，书归正传。今晚沙龙的议题十分明确，不设中心发言，也不限专业范围。既然是沙龙，为了广开言路，离题万里的话也不要紧，只是请控制发言时间，给别人留出时间。

如此而已，岂有他哉！"

掌声夹杂着笑声，响彻大厅。

刘阳首先举手站起来说道："我先说两句。最近十几年，系统仿真技术应用已深入到各个领域，美国人甚至把它作为国防部门的四大支撑技术之一。此外，在核武器试验、宇宙飞船、工业系统、能源开发、交通运输、社会人文、建筑行业、物流管理、医学研究、天体运行、水力工程、环境保护、娱乐设施，甚至农林领域等都有所应用。推广仿真技术应用的困难在于，仿真必须与各专业技术相结合，才能获得应用成果。但仿真对象千变万化，掌握仿真技术的人员，不可能熟悉众多的对象，而专业人员又对仿真技术了解不深。如何解决这一难题，恐怕是当务之急。"

陈老回答说："设立大观园的目的，正是想在这一结合点上，提供解决问题的办法。仿真大观园既是宣传、游览、展示仿真系统和设备的地方，又是咨询、交流仿真技术的场所。此外，还专门设立了仿真技术研究所，除进行新技术开发外，还可向各界人士提供仿真平台、仿真支撑软件和已知对象的数学模型，并可协助用户开发未知对象的数学模型和程序，以及定期举办系统仿真学习班，培训各界相关人员。"

一位中年人说："我是中医中药研究员，现在医科大学工作。刚才那位发言人谈到医学界也是仿真技术应用的领域之一。据我所知，目前仅在外科手术教学中，采用虚拟现实技术培训学生做手术及牙科学生使用模拟牙床实习等。我对中医学运用仿真技术进行研究和培训教学十分有兴趣，想听听这方面的建议。"

"这可是一大难题。不知谁能贡献高见？"陈老说道。

刘阳小声对柯灵灵讲："你父亲生病时，我看见你一直在钻研中医书，有时甚至还为你父亲号脉，能否谈些看法？"

柯灵灵不好意思地说道："人家是中医研究员，我岂能班门弄斧。"

马小喜在一旁怂恿她："要你谈仿真，又不是谈医学，怕什么？"

见她还有些犹疑，马小喜竟站起来大声说："这位柯小姐想提出她的高见。"

柯灵灵埋怨他说："你这是赶着鸭子上架。"

"对医学我是门外汉，对仿真技术也只是一知半解，所以提不出什么高见，仅想谈点想法供参考。我国医学应该包括汉医、藏医、蒙医及其他少数民族的医学，从理论到实践经历了几千年的历程，形成了今天的中医学宝库，而且有待进一步深入发掘。尤其重要的是使用现代高科技手段进行研究，使之更加发扬光大。我建议从经络系统入手，这是一个老大难的问题，中医运用经络学说，采用针灸治病，少说也有千年历史，但西方医学界却始终不承认人身经络的存在，把针刺疗法说成是刺激神经系统的结果。后经测试发现穴位处是低电位，因而少数人承认人体存在穴位，但对经络却始终抱怀疑态度。"

陈老插话道："我在'文化大革命'中被下放到农场养马，一次牵马去兽医院治马病，亲眼看到兽医给受伤警犬运针治伤。他给马开刀治肠梗阻时，使用针刺麻醉，马一边吃草，一边被开膛破肚，不觉疼痛。事后请教兽医，他告诉我说，动物同样存在经脉和穴位。这已是不争的客观事实，只有受机械唯物论影响过深的人，才不予承认。"

柯灵灵接着说："古人虽曾遗留下穴位铜制人体和绘制的经络穴位图谱，但针灸认穴治病时还有个运针手法的问题，有所谓补、泻、捻、提、留等手法，并非随便刺一针即可。而且穴位深浅不一，留针时间也不同。凡此种种，如能设计制成一个具备经络和穴位的模拟人，供实习之用，也是有益的。"

马小喜接道："听此言甚觉有理。我突发奇想，人体经络可能是一个传递信号的复杂网络系统，与现在的计算机网络类似，网络结点处就是穴位，结点输入的信息较简单，仅是刺或灸的单一信号，此信号与开关量等同，一旦发生可以持续作用，并且具有反馈，受激穴位酸、胀、麻的感觉，就是反馈的一种表现。所以，人体经络仿真人也可进行经络系统的理论研究。不揣冒昧，胡说一通，尚请行家多多批评。"

众人热烈鼓掌。

刘阳大声对马小喜调侃说："知道你为这次会议做了一些准备，何不抓紧时间，把你肚子里的牛黄狗宝都掏出来？"

一片嬉笑声，有人高呼："欢迎！"掌声热烈。

马小喜说："既然大家不怕听胡说八道，我就再谈些想法。现在老百姓逐渐富裕起来，旅游业蓬勃发展，但总有体力衰弱的老年人、行动不便的残疾人和收入尚不多的弱势群体，不能出门旅游。我建议将国内外的名园古迹、寺庙名胜等处，做成三维视景的虚拟旅游系统，只要具备头盔显示器和游戏棒，足不出户即可参观游览，岂不妙哉！"

他略为停歇，喘了一口气又道："我国古今名画甚多，其中山水画、楼台亭阁画、神话故事画、风光画、城镇风貌画等比比皆是。我建议开发'画中游'项目，可以进入平面画中去，在虚拟的名画中深入游览。此项目与上述虚拟游览系统有异曲同工之妙。"

陈老说："不如扩展内容，把神话世界也囊括其中，统一取名曰'逍遥游'，岂不更妙。时间不早了，咱们今天的沙龙就到这里吧！"

众人在哗笑声中逐渐离去。

第六章

谈经络引出学术大题目
观手术虚拟人体供实习

刘阳等人离开餐厅走向园门。

小强说："今晚主持会议的老爷爷十分风趣，不知他是做什么工作的？"

刘阳答道："这位老前辈原是大学教授，在校园内颇有才名，深受同学欢迎。在'文化大革命'中，只因说了几句江青的闲话，差点被打成现行反革命。后下放农场劳动改造，这就是他在主持会议时提到的养马时期。陈教授返校后，学校尚未复课，闲来无事，他对使用模拟计算机解算动力学方程产生兴趣，开始研究各种数学模型在模拟机上的求解，从此进入计算机仿真领域。学校教学秩序恢复正常后，他除为研究生开课外，一直承接仿真理论和实践的研究课题，直至退休。但实际上是退而不休，继续承担了多项仿真工程的设计和仿真产品的开发，并不断在有关杂志上发表文章。这座仿真大观园的筹划和成功建立，他是发起人和主要支持者之一。陈老性格开朗，为人诙谐，治学严谨，并且学术见解独特，堪称我们的榜样。"

走出大观园大门，已至深夜，马小喜提出送柯灵灵回家。柯灵灵邀请刘阳同行，刘阳谢绝道：

"伴送一位小姐，何需两位男士，马小哈一人足矣！"说罢，扬长而去。

柯灵灵、马小喜漫步街头，柯灵灵微带嘲讽地说：

"马兄今晚风头出尽，可喜可贺。"

"柯小姐何来不满之意？"

"岂敢不满，只是不太习惯你随时随地表现自己的作风，难道你就不能显得谦虚一些吗？"

"科学技术是十分实在的东西，容不得虚情假意。"

柯灵灵微愠道："你不要强词夺理，建议你谦虚，不要锋芒毕露，与虚情假意风马牛不相及。"

马小喜见柯灵灵已有恼意，连忙赔笑说："接受批评，一定改正。"并戏剧性地一鞠躬："请柯小姐大人大量，恕过小生这一次吧。"

柯灵灵扑哧一笑："看你油嘴滑舌的样子，你的性格要改也难，所谓江山易改，本性难移。"

马小喜举起右手，开玩笑地说："要不要向苍天发誓？"

柯灵灵无奈地说："算了吧，只要你去掉一点争强好胜之心，天上人间都会满意的。"

马小喜转移话题："你今晚所谈仿真经络人的想法十分有趣，我们约个时间找那位中医研究员谈谈，最好做出项目计划和实施办法。我想这事意义重大。"

柯灵灵回答道："你在会上谈到人体经络与计算机网络的类比别开生面，但实际上这两种网络虽然都是传输信号或信息的系统，但性质却不相同。计算机网络是结点与结点间的通信，而人体经络却是结点与经络外的脏腑和病灶处通信。经脉不但具有分布式系统性质，还有总线性质。因为各穴位受激后的信号，可通过同一经脉到达不同地点。穴位受激信号无非产生于针刺或艾灸，不可能包含很多信息量。究竟是什么样的机制，至今一无所知。"

马小喜接着补充道："如果能弄清楚它的原理，反过来可能会对计算机网络的结构产生革命性的变化。"

"这个大题目需要中医经络理论家、计算机网络专家、复杂系统研究人员、信息论专家、拓扑数学家和仿真工作者共同研讨，才有望逐步解决。可惜不同领域的专家们缺少一些共同语言，实施起来相当困难。"柯灵灵说道。

马小喜回应说："局面很像控制论创始人维纳教授在开创这一新的高深领域时的情形。"

柯灵灵严肃地说："我们都是学术界的小人物，对这种重大的课题望而生畏，哪有资格说三道四。"

马小喜反驳道："科学技术的发展，首先要有能够提出问题和敢于设想、解决问题的人。在未知领域面前，大、小人物所处地位平等，用不着妄自菲薄。"

"阁下真称得上勇气可嘉啊！"

"承蒙谬赞，不胜惶恐。"

两人会心地相视一笑。马小喜乘机挽起柯灵灵的胳膊并肩走去。

星期日来临，刘阳、马小喜和柯灵灵约定在柯家召开小型讨论会的计划未能举行，其因在于柯灵灵生病了！刘阳和马小喜得知后，急忙赶到柯家。柯母接待了他们："灵灵昨天就感到不舒服，晚上开始发烧，今天早饭也没吃，一直睡在床上，恐怕是着凉了。我的腰疼病又犯了，行动不便。刘阳你来得正好，麻烦你们送她去医院看一看。"

此事义不容辞。两人乘出租车将萎顿不堪的柯灵灵送往医大附属医院，检查结果为病毒性感冒。考虑到柯母腿脚不便，与医院协商后，干脆安排柯灵灵住进病房。马小喜殷勤照顾，百般呵护，每天抽出时间跑到病房嘘寒问暖。唐大壮代表公司送来水果，嘱咐柯灵灵安心养病。

一天，刘阳来探望柯灵灵，三人坐在床沿和小凳子上闲谈。柯灵灵说：

"你们猜猜我碰到谁了？"

马小喜思忖道："最大的可能是遇到上周沙龙会上那位中医研究员？"

"对，就是他。我在医院花园中散步，迎面碰到他走来。他自我介绍叫徐继宗，我们坐在小亭子里谈了半个多小时。"

马小喜忙问："你有没有把咱们那天晚上关于经络仿真研究项目的讨论告诉他？"

柯灵灵回答说："这是我和徐医生谈话的主要内容。"

刘阳插问道："什么经络仿真项目，我怎么不知道？"

马小喜连忙道："哎呀！本周课程较紧，加上小柯生病，一时忙乱，忘记向大师兄汇报了。"

"你又做了一次名副其实的马小哈。"

马小喜、柯灵灵二人互相补充，详细介绍了那晚的讨论内容。

刘阳沉思片刻说："这项仿真计划肯定是个很大的工程。我对你们的讨论中的一个问题很感兴趣，那就是通过网络的有限通道，向众多非结点的用户（即病灶）发送简单信号至相关非结点用户的机制。但受激穴位的酸、胀、麻感觉，可能不是病灶反馈的结果，而是结点穴位正确与否的判断反映。因为无病灶时刺激穴位，同样有这种感觉。但是中医的诊脉，各种脉象却是病情的反映，腕、脉是否也属于经络系统，我不太了解。"

三人一时陷入沉思。医院晚饭铃声响起，将他们惊醒。

柯灵灵匆匆说道："徐医生邀请我和你们二位，明天去参观医大学生的牙科和外科手术仿真实习。明天下午两点，你们如果能来，参观后还可帮我办理出院回家。"

次日下午，刘阳有事不能来，徐继宗带着柯灵灵、马小喜去医院一幢独立的四层楼房，门口挂牌上写着：医学新技术研究中心。徐继宗一边介绍，一边请他们参观各科室和项目：计算机中药配置系统、三维成像断层扫描仪、生命力测定仪、新式伽玛刀器械、手提彩色Ｂ超仪、脉象诊断仪等，两人看得眼花缭乱。可惜由于时间紧迫，只能走马观花。在脉象诊断仪室，马小喜提出一个问题："脉象的数学模型是否运用了模糊数学的算法？"

研究人员回答说："中医诊脉学中的脉象内容十分复杂，除了脉搏即心跳速度可以量化处理外，其余的左右手寸、关、尺三处的手感的不同都属于模糊集，感觉归类应有脉学理论说明，但文字与感觉毕竟是两回事，模拟起来十分困难，需要有经验的中医师配合进行。我们本想开发一个诊脉模拟手，但在选用什么样的材料制作脉管血流和心脏这种双作用泵，即压与吸交替作用，使它产生与真人脉象相同的效果，遇到了极大困难，现正在研究中。"

　　到达四楼的一个大房间，门外玻璃上写着：牙科仿真实习室。推门进去，只见整齐排列着的十几台牙医座椅。奇怪的是，座椅上并无病人，只在其上有一个假人头颅，张着大嘴，斜置在靠枕处，自胸部以下，由白单罩住。椅旁的实习医生，正忙着使用各种牙科器械，对假人进行检查、扩孔、吹扫、填药、修补、拔牙、植牙等治疗工作。突然，头颅连声呼痛，并愤怒地叫道："拔错牙了！"一位实习生拿着拔牙钳，手足无措地站在椅旁。指导医生连忙赶过去，按了一下头颅顶上的开关，呼痛声随之中止，然后亲自动手示范，室内响起轻微的笑声。柯灵灵小声对马小喜说道："真有趣。"马小喜举起右手，将食指放在口唇上："嘘声。"

　　最后进入一间标有"外科仿真手术室"的房间。洁白的手术

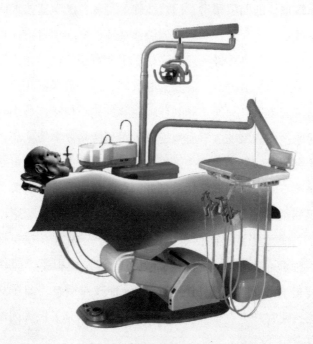

牙科模拟头颅

台上空无一人，但医生和护士却在聚精会神地进行操作。只见手术器械不断地由护士递送到医生手中，医生则在空台上认真比划，一时间，手术刀、止血钳、消毒纱布、剥离器等纷纷经过医生之手，又铿然作响，被丢入消毒桶内。奇怪的是动手术的医生，虽然也穿着手术服装，头上却戴着一顶密闭的头盔。柯灵灵心中明白，这是运用虚拟现实技术进行模拟手术。徐医生拿出两个头盔，请他们戴好。眼前景像立即变了样。手术台上躺着一位病人，全身由白布罩起，只有左腿暴露在外，他的小腿外皮已被切开，创口撑大，少量鲜血外溢，几乎把止血钳置于创口中，医生的手术刀正向肌肉内深切。钳子、刀子、镊子等交替使用，肌肉在娴熟的动作下层层剥离，逐步露出小腿的骨骼。随后清洁创面，开始缝合创口。柯灵灵和马小喜虽然不懂外科手术，但目睹了虚拟手术的全过程，十分敬佩医学界的创新精神，并对虚拟现实技术成功用于外科手术实习感到很兴奋。

徐继宗补充介绍说："我们医科大学已经建立了一个物理人，它是将一位女性尸体，以 0.2 毫米的厚度切成五千多片，并将每片的图像以数据形式输入计算机存储器中完成。外界传媒报道称之为'虚拟人'，这是不正确的，仅能说是个物理人模型。"

马小喜说："我明白了，物理人的三维模型图像数据来源于尸体，只能供虚拟解剖学使用。真正的虚拟人应是活人的三维图像数据模型，所有脏器都应在运行中。这样的虚拟人，才能满足外科手术实习或预演的需要。"

徐继宗笑着称："说得对，你真聪明。现在由于技术问题，还未做到这一步。"

道谢和道别后，柯灵灵办好出院手续，马小喜送她回家。在出租车上，平时活跃的马小喜却一言不发。柯灵灵问道：

"你在想什么？"

"看过虚拟手术后，除关于虚拟人体外，我还产生了一些想法。"

"热情的创新家又要露一手啦！小妹在此洗耳恭听。"

"何必打趣我，愚兄仅想谈谈感想而已。"

"愿闻其详。"

"小腿虚拟手术演示说明，不管在什么部位，凡外科手术练习，或者手术预案的事先演习，都可以实现。后者的意义更大，复杂手术前的模拟演习，与军队的战前演习类似，事先设置各种意外情况，在演习中进行解决。这显然可以提高手术的可靠性，保证手术圆满顺利地完成。为此，还应补充手术监护仪器的仿真，诸如心电图、自动血压计等都要具备。可以是仿真设备，或者是虚拟图像。前者观察人员不需戴头盔显示器，似乎更合理。这样，就构成了一整套的外科手术仿真系统。"

"进行内脏手术的仿真，是否更复杂一些？"

马小喜回答说："建立人体三维图像，包括全部运行中的脏器，也就是虚拟人，我看并不见得很困难。况且手术的目的物仅针对某一特定脏器或局部，应该可以用三维动画仿真来解决。甚至眼科手术、心脏手术和脑部开颅手术，我想在现代解剖学的基础上，建立三维图像仿真，也是有可能的。但这只能观察，不能直接进行虚拟手术，因为真正的困难在于手术的精确程度非常高，况且对人体活性组织的接触、碰撞算法，解决不了对各种软组织的手感，也许对骨骼处理容易一些。所以，我们刚才看到的虚拟外科手术，表演的是腿骨。即便如此，也是了不起的一项成就。"

柯灵灵打了个哈欠说："外行书生空议论。快到家了，就此打住吧。"

当晚，马小喜采购食品，他事先打电话给刘阳，邀请他们全家一起来聚餐，庆贺柯灵灵病体康复。

五个大人加上刘阳的顽皮儿子哲生，大家围坐一桌。一瓶红酒，几样精致的冷盘和微波炉加热后的菜肴，凑成了一顿丰富的晚餐。

饭间，刘夫人叹息道："难得浮生半日闲。暑假期间，你们这些读学位的高才生，也没捞到休息，学业紧张，加上外出活动。感谢这样一顿轻松的晚饭。"

10岁的小哲生埋怨道："爸爸说暑假带我们去旅游，说话不算数，连公园都未去过，何况去外地旅游。"

刘阳打个哈哈："瞧我这小儿子学问又有长进，会使用'何况'来造句了。"

马小喜道："我提议，小柯明天休息一天，后天星期日，我们一起去玩个痛快。"

"我同意。再带上小强和梅花，但去哪里好呢？"柯灵灵回应道。

刘夫人说："听说仿真大观园中有个仿真娱乐馆，我想去参观一下。"

哲生拍手道："我们班上去过的同学都说那里好玩儿，简直神奇极了。"

刘阳说："那就定下来，小柯负责电话联系唐老板和梅少校。"

马小喜立即跟话道："那就定周日早8点在大观园门口集合，不见不散。"

柯灵灵抿嘴笑道："你又来了，不过是去玩儿，何必这么郑重其事！"

"为了不失信于小朋友，有必要认真对待。"

饭后闲谈，马小喜问起仿真大观园这样庞大的项目，投资从何而来？

刘阳解释道："最初由中国系统仿真学会牵头提出了一个规模很小的计划，向有关部门申请一笔经费，作为开展仿真技术科普活动之用。但批下来的款项很少，甚至不够建立一个科普活动室。学会热心此事的学者专家们束手无策，颇感灰心。几位局外的朋友，闲谈中涉及此事，提出政府经费有限，在以市场经济为主的社会里，只有动之以利，才能打动社会上的投资方，仅靠没有吸引力的科普教育名目，不可能获得他们的投资。他们开玩笑地说，中国的一些知识分子，只知讲学问、谈理论和学术研究，不为五斗米折腰的清高作风，是很难在现代社会中有什么重大举措的。这些议论传到了学会组织者的耳中，为此，学会理事会作为一项改革的重大议题，进行了讨论。会上免不了一番争论，部分专家认为，学会属于民办学术团体，只有搞好学术交流，才是学会的分内工作。言外之意，其他都属歪门邪道。盘算经济之道，岂不铜臭熏天！讨论的结果还算不错，同意拟定一项筹款计划，试一试社会反映如何。不久后，一个建立仿真娱乐馆的策划书出笼。招商会上，由学会知名专家绘声绘色地详细介绍各种仿真娱乐项目的内容，以及建成后的经济与社会效益。没想到效果出奇的好，会中和会后，共签订了近3000万的投资协议。学会成员

信心大增。又通过军人会员去游说，设立以军用模拟器为主的国
防教育基地，筹建军事仿真馆，也获得了有关部门的支持。学会
的几位科学院院士，亲自出马去争取科学院的资助，建立了计算
机仿真技术研究所。后来通过熟人关系，找到了唐大壮的机器动
物公司。不料唐老板听完来意后，哈哈笑着拿出一份《建立机
器动物园的策划书》，说：'我只能提供这份东西，但缺乏投
资，正处于无可奈何之中。你们能够促成其事，本公司十分感谢，
并保证竭尽全力将其建成。'这件事又引起学会理事会部分人
的反对，理由首先是机器动物不属于正统的系统仿真领域，其次
是觉得学会在这方面摊子铺得太大，不易再添新花样。言外大有
责怪学会不务正业之意。商讨的结果是，学会只能协助唐老板召
开一次招商会，专题介绍机器动物园项目。唐老板全力以赴，在
招商会中邀请与会人士参观他的公司，请大家看仿真恐龙、虚拟
水族箱、模拟家畜等产品。最后有几位大款愿意投资，使项目基
本落实。至此，仿真大观园的雏形已经形成，只剩下实施兴建了。
但最困难的是用地问题，在如今城市地价寸土寸金的形势下，兴
建占地面积很大的园区，选址和投资都较难解决。说来也巧，当
时正值国内旅游事业蓬勃发展时期，各大城市纷纷兴建各种题材
的主题公园，但却没有现代科技名义的主题公园。系统仿真学会
整理了一份完整的说明材料和实施方案，上报当地政府。在当年
的人大会议上讨论，竟获得通过。地方国土局修改城市发展规划，
终于选择了现在这块理想的土地。在政府的大力支持下，地价当
然也较低。几经周折，这项宏大的仿真大观园，才逐步建成。有
些项目仍在建设中，如虚拟旋转餐厅就是刚刚完工，由餐饮业的
老板们出资兴建。据专利检索，目前国内外还没有类似项目，当

属创举。"

听刘阳娓娓道来，像是一篇故事，不觉已到深夜。大家互道晚安后散去。路上，马小喜问刘阳，为何对仿真大观园的开发历史如此熟悉？

刘阳回答说："我的指导教授是大观园的组织者之一，是他建议我选择系统仿真方面的研究课题。我今晚仅介绍了事情发展的梗概，真实情况还要曲折复杂得多。大观园终于建成，热心的发起人和组织者却未获取任何名利。在几乎一切讲个人利益的今天，确实难得，借用《红楼梦》里的一句话，'都云作者痴，谁解其中味'。"说罢，长叹一声。

两人默默走去。

第七章

娱乐馆成人儿童多迷恋
登月游观众航天眼界开

星期天上午8时许，刘阳一家、柯灵灵和马小喜，加上小强和梅花，一行七人，浩浩荡荡涌入仿真大观园，直奔仿真娱乐馆。他们来得算比较早，但馆前售票处已有十来位游客在排队购票。

刘阳介绍说："大观园各处都实行售票制，包括提供技术支援，也是有偿服务。采取这一措施，解决了投资回报和日常管理经费的来源问题。"

梅花问："上次我们跟柯阿姨参观机器动物园，怎么没买票？"

"傻孩子，机器动物园大部分设施都是小强爸爸公司提供的。我代表公司常来，与管理人员很熟，当然就不用买票啦。"

透过仿真娱乐馆玻璃门，迎面看到一座按缩尺比例竖立的大型背投电视屏，一幅仿真九龙壁的画面出现在眼前。与真实九龙壁不同，此画面上的龙是活动的，而且色彩五色缤纷，更为鲜艳夺目。左右两侧有两条龙，随着飘浮的宝珠，在云层中飞舞腾跃，尔后以九龙壁上原有姿态，定格在中央。随之，其他龙也以各自不同的姿态陆续进场，并定格于相应位置，构成一幅完整的九龙壁彩图。云雾弥漫全画后，又重新开始舞动定格。

仿真九龙壁后是一间可容纳 50 人的音乐厅，乐队指挥位置赫然站着一个机器人，它面对的是一个完整乐队画面的大型银幕。机器人正挥动着指挥棒，指挥乐队演奏悦耳的欢迎曲。曲终，机器人回身向观众略微弯腰致礼。一位身着拖地长裙礼服的漂亮小姐，由侧幕中飘然出现，站在银幕前自我介绍说：

"我叫贾妮，是机器人歌唱家，现为大家献上一首祝酒歌，不知是否欢迎？"

众人热烈鼓掌。

她举起话筒，向指挥点头示意。随着乐队的伴奏声起，嘹亮的歌声充耳欲盈。歌罢，深鞠躬退回侧幕后。

柯灵灵看着手中的《游览指南》，上面注明贾妮小姐会唱十余首歌曲，并可配合各种节日活动，还可由游客出钱点唱歌曲，不禁低声咕噜："生财有道啊！"

他们由左侧门进入。在写有机器人弈棋室的屏风隔出的第一个空间，摆有四组围桌，每组围桌中心处设有一个穿戴整齐的机器人，四边可容纳六位游客同时与机器人下棋。平放的触屏显示器上绘有围棋盘，游客用手指触到棋盘的交叉点时，棋盘该点即出现黑子，机器人立即响应，依游客下子前后次序，转身至相应对手前，迅速移动手臂，并用指点向棋盘，触出回应的白子，直至弈棋结束。为节省游戏时间，通常只设五子棋和民间吃子棋两种棋类，也可以进行围棋、二人跳棋等比赛。小强和梅花跃跃欲试，除刘阳外，六人包了一组围桌，每人向座旁的投币箱按规定投入硬币，与机器人展开对弈。不到 5 分钟，6 人全部败北。

再试一次，小强获胜，其他 5 人仍然输棋。小强欢笑着叫道：

"我赢啦，机器人输啦！"

机器人下棋

年龄最小的哲生两眼盯着机器人微笑的面孔，问："机器人怎么会下棋？"

小强抢着回答："各种棋类现在都有现成的游戏程序，我在电脑上玩过多次，这里只不过是通过机器人执行相同的程序罢了。"

柯灵灵补充道："小强说得对。这个机器人实际上只是穿上衣服的工业机械手，你看它的手臂只有两个关节在运动。它转身是靠坐椅自动转向最先落子者。这一切要事先编制出一套控制程序由计算机执行。技术困难之处在于使它的脸部具有表情，胜棋时笑容满面，输棋时愁眉苦脸。这些与梅花参观机器动物园，指路机器老人面部表情变化的原理是相同的。"

转过又一道隔墙，他们来到仿真健身房。7 人分散开来，各自寻找自己喜爱的健身设备进行运动。哲生和梅花选择了专为儿童设置的模拟保龄球。球的重量轻、体积小，前方终端处设置了一台大型彩色电视屏。当球在球道上滚进时，计算机已接收到传感器的信号，并迅速算出球在终端的指向。当球滚至显示屏前落入沟槽内，画面即出现已排成行的瓶状棒被击中后东倒西歪的图像，同时发出碰撞声。

小强和柯灵灵选择自行车竞赛项目，两人骑上自行车踩动踏板。自行车并没有前进，但前面投影大屏幕上有一幅竞赛场的俯视画面，随着自行车脚踏速度的快慢，计算机接收到传感器的后轮转速，并计算出车速，随之，竞赛场上出现了两辆以相应速度行驶的骑车者形象。转弯处，必须适时转动车把，才能使图像中对应的自行车跑在正确的方向上。竞赛开始，跑到第二圈时，两人速度不相上下，突然，柯灵灵转弯过慢，图像显示她越出跑道，撞在了护墙上，同时自行车也被自动刹住，小强取得了胜利。柯灵灵不服气，建议再来一次。到第三圈时，她显得力气不足，随后小强一路领先，又一次获胜。

马小喜看到柯灵灵下车后气喘出汗，关心地说：

"你病刚好，可不能累坏了啊！"

"我又不是纸糊的，哪个要你献假殷勤。"

刘阳在旁调侃道："一方是狗咬吕洞宾，另一方则是马屁拍在马腿上。哈哈，旁观者有热闹瞧了。"

柯灵灵气恼地说："看你哪像个做大师兄的样子。"

小强过来拉着马小喜说："我们去玩足球十二码射门，每人10个球，谁进球多谁赢。"

刘阳附和道："我也参加，20来岁时我是足球队前锋，自信射门技术超过你们。"

足球射门仿真器处的前方是一块高 3 米、宽 4 米的大幕布，上面映着足球大门和守门员，只见守门员正紧张地以半弯腰姿态准备扑球。地面铺着草绿色人造地坪，在距幕布约 6 米处画有罚球点。刘阳大致估算了一下，模拟射门区域的视觉尺寸，基本符合实际球场大门前的区域大小。小强首先出场，助跑几步后飞起一脚踢出足球，虚拟守门员并未跃起接球，仅只长身立起，因为球超过球门高度，自动记分牌显示 0。轮到马小喜，只见他的球径直飞向守门员，被轻而易举地截获，也吃了个"鸭蛋"。刘阳却一足中彩，将球自右上角处射入球门，守门员斜向跃起，却未截获来球。

哲生拍手笑道："爸爸赢了一分。"

如此循环，最终的成绩是刘阳攻进 3 球，马小喜攻进 2 球，

足球射门

小强则仅获 1 分。胜负分明。

随后，他们又进行了竞走、划艇、滑雪、卡丁车竞赛等仿真游戏，并轮流体验了模拟空中跳伞的惊险过程。

他们来到模拟射击靶场，又触动了争强好胜之心，除梅花和哲生年龄太小外，其余 5 人都想一显身手、一较高低。一个射击台刚好可容 5 人同时射击。模拟打靶虽然使用的是假枪，但与真枪效果相同，击发时同样会产生后坐力。一套先进的 CCD 摄像机红外传感器，可以检测射手的瞄准过程和命中点。计算机成像系统生成靶像，从简单的固定环靶和歹徒半身靶，直至以城市街道或野外战场为背景的活动目标，均可通过投影机放映在 4 米宽的大银幕上。一台微机管理整套系统，进行着射击成绩的自动评定。

射击场

他们选定环靶，投币后就位，梅花不高兴地说："你们都去打枪，丢下我们两个小孩在一旁呆看，多没意思。"

刘阳忙安慰他们说："我和柯阿姨的耳机给你们戴，梅花戴柯阿姨的，儿子戴爸爸的，谁的耳机中有枪响，就知道谁在开枪，然后看成绩做裁判，好不好？"

原来怕枪声干扰别的游客，模拟靶场除极少打开扬声器外，还设置了耳机。这样，两个小家伙才算勉强同意。

5人各就各位，很快，梅花叫起来：

"柯阿姨开枪喽。"接着是哲生的呼叫声，此起彼伏。

射击完毕，公布成绩：柯灵灵遥遥领先，十发命中，总环数为73环；唐小强60环，位居第二；马小喜55环；刘阳41环，名落孙山。

小强好奇地询问模拟靶场原理，工作人员做出解释：击发时由枪口射出一个红色激光点，被CCD摄像机将其位置信号输入计算机处理，即可获知命中环数。

小强又问："枪的后坐力是怎么产生的？"

"在扣动扳机的一瞬间，接通电路，使一个电磁阀开闭一次。压缩空气产生冲击后坐力。你已看到每把枪的枪口下方，接有一根很细的软管，就是用于输送压缩空气的。"

7人随众游客来到一个大门前，门楣上写着"深海探奇"四个大字。已有十几位游客排队等候入内，轮到他们进去时，赫然在目的是一艘长十余米的潜水艇，两舷各有12个圆形舷窗。潜艇尾部朝向的墙上，挂着一幅很大的模拟潜艇结构示意图，作为宣传和普及仿真技术的示例。

登艇后，每人找到面向舷窗的空位就坐。窗外渐黑，突然大家感觉眼前一亮，显出潜艇停靠码头时的海港景象，艇身微晃，从扬声器中传来"出航"的命令。由视景的变化，感受到潜艇正驶离码头，穿过港口防波堤，驶向外海。晴空万里，阳光灿烂，波涛汹涌的海面洒下万点跳跃的金光，艇身随之不停地起伏摇摆。扬声器中再次传出："开始下潜。"艇身前俯，窗外海面迅速升

模拟潜艇

起，海水由浅蓝、深蓝，逐渐过渡到一片漆黑。"深度30米，打开探海灯。"一片灯光照亮了深海处五光十色的景观。一群鱼游过窗外，色彩斑斓的珊瑚礁浮过眼前，五颜六色的热带鱼穿插其间，美不胜收。平静的深水中，几条海豚嬉戏游过，凶恶的鲨鱼群追随其后，伺机觅食。突然，一条庞大的白鲨，张着巨口，猛地向潜艇扑来，吓得梅花"哎呀"大叫一声。而后，潜艇绕过海底沉船，在一座沉入水下的古代城市废墟旁驶过。

前方红光闪烁，接近后才发现是一座海底小火山正在喷发，黄红色熔岩遇水很快变成黑色，堆叠于火山周围。尽管似雾的水汽和大量蒸发的气泡弥漫四周，仍能依稀看到火山口喷发的骇人奇景。潜艇反复沿航道慢驶，以便两舷的观众都能欣赏到这种壮观的场面。

最后，潜艇视景不断变换，使乘客经历上浮、返航、进港、停靠等过程，节目结束。大家热烈鼓掌，深感不虚此行。

告别深海探奇屋，进入月球漫步馆。成人和孩子都换上适合自己的宇航服。宇航服形象逼真，但构造却较真的简单得多，奇怪的是背后的生命维持系统大背囊处，只是一个口朝下的筒状物，胸前的仪器设备处，也有类似的口袋代替。戴上玻璃钢制头盔、束紧腰带，酷似宇航员的游客，依次走过对外展示用的玻璃走廊，登上模拟神舟号宇宙飞船的内舱。圆形舱内可容多人站立，并可握住扶手，防止跌倒。透过迎面的一个大圆窗，发射场远处的建筑物清晰可见。扬声器中传出："现在倒计时开始，10，9，8，…，3，2，1，点火！"随着运载火箭发动机的呼啸声，舱内地板开始晃动，每个人都感受到一股强烈的由加速度引起的超重。窗外景象先慢后快迅速消失，一切声音寂静下来，飞船在静夜空中高速飞行，远方的星星特别明亮，一阵流星雨，掠过窗口，蔚蓝色的地

月球漫步馆

球正在逐渐远去。

哲生指着窗外说："那就是我们居住的地球吗？"

梅花点点头。

柯灵灵等不禁同声赞叹道："真美啊！"

突然几块陨石飞来，其中一个硕大无比的陨石块，高速撞向

飞船，惹得梅花和胆小的乘客一阵惊呼，所幸瞬间相互错过。飞船继续在暗夜中航行。月亮显得分外的大，而且逐渐靠近飞船，乘客已能看清月面上起伏的山峦、怪模怪样的山谷、深渊和平原。离月球越来越近了，随着飞船的转向，窗外月球不见了，只觉脚下又有微震发生。扬声器中传出："开始登月着陆。"人们产生一阵减速下坠的感觉，飞船平稳着陆后，窗外远处显现出陡峭的山峰，近处是一座小山丘和稀稀落落布满大小石块的表面，加上几条深浅不一、乱七八糟的沟坑，以及许多小裂缝，显出月球一片荒凉的景象。

飞船侧门打开，众"宇航员"通过小梯鱼贯而出，下到月球表面。奇怪的事发生了，每人都感到体重减轻了很多，以致走路轻飘飘的。原来，模拟的月球表面下有数台强大的鼓风机，使这一小块区域形成垂直向上的直流风洞，高压空气通过月表裂缝和孔隙吹入空间，每人宇航服背上和胸前的口袋，充满了向上的高压气流，帮助克服月心引力，从而模拟出月球引力仅为地球引力六分之一的环境，使游客亲身体验到小引力下的特殊感受。

哲生在月面上轻飘飘地乱跳，一不小心被石块绊了一跤。梅花赶过去，他已爬了起来。

"摔痛了吗？"

"轻轻地倒在地上，一点儿也不疼。"

原来，垂直风在月面上形成的软垫起了保护作用。两人携手蹦跳起来。

马小喜陪着柯灵灵，一会儿蹦跳，一会儿飘浮行走，说：

"我想起来了，上个世纪末，我国某研究所建成了一座供娱乐的空间失重游戏馆，就是利用垂直风洞的技术，将人的重力完全抵消，使整个人悬浮在空中。现在模拟月球引力减少，正是采用他们的专利实现的。"

说话间，美丽的地球由远山后冉冉升起，缓慢地滑过天空，引得大家翘首驻足仰望。一时，地球落入另一面地平线下，空中星斗满天。

一位游客说："可惜换衣服时把照相机寄存起来了，不然在月球上拍个纪念照多好。"

一位工作人员打开出口的门说："换衣厅的右边有一个照相点，大家可以穿宇航服在月球背景下照相，也可以录制光盘，欢迎诸位光临。"

出来后，沿一条走廊转入换衣前厅，果然发现右边有留影台。梅花和哲生当仁不让，首先拍照。轮到柯灵灵摆好姿势，马小喜突然跳上台，站在她身边，腆着脸笑笑说：

"来个合影好不好？"

柯灵灵不好拒绝。

于是，身着宇航服、臂夹头盔的男女并肩合影照诞生了。

刘阳笑着对夫人说："瞧，多么令人羡慕的一对！"

走出仿真娱乐馆，他们去虚拟旋转餐厅吃自助餐。刘夫人和孩子们没有来过，观赏窗外风光，惊奇不已。饭中，柯灵灵问马小喜：

"你的论文题目选定了没有？"

马小喜答道："我读的是自动化专业，但指导教授却是一位仿真专家，我自己又对仿真技术十分感兴趣，所以很想在这个领域选个题目。教授了解了我的想法后也十分赞成，提了几个待选题，尚未定下来。"

刘阳道："建议你选仿真平台使用的支撑软件这个题目做文章，这是一个重要方向。国内外现有的几种支撑软件都存在缺陷，你最好选一个蓝本提出改进意见，并具体实现，搞个功能更强大、使用更方便的支撑软件包。如能成功，水平已超过硕士学位要求，直追博士学位。"

马小喜思考了几分钟后说："题目很好，就怕我的基础和学识都不够，搞不出什么名堂来。"

柯灵灵道："你冲锋陷阵的锐气哪里去了？在小问题上，你一直表现气壮如牛，现在碰到稍大的难题，就畏之若虎，原来也是银样蜡枪头。"

马小喜哈哈一笑道："何需你讥讽激将。"

柯灵灵也笑了："非讥讽激将，乃击鼓激将是也！"

"其实我心中早已跃跃欲试，只剩最后下决心和争取教授的同意。"

刘阳道："重要的是本人的决心，必要时，我也会助你一臂之力。"

"我就等大师兄这句话，有你保驾，我一定全身心投入这项工作。"

刘夫人在一旁道："说好今日游玩散心，你们又谈起工作来了。罚你们各人自扫门前雪，把杯中剩下的啤酒喝完，然后回去！"

游兴未衰，酒兴已尽，大家各自回家，准备第二天的学习和工作。

第八章

做仿真支撑软件是基础
建模型专业知识应先行

光阴似箭，日月如梭。

马小喜已修满硕士课程学分，面临论文开题的工作。在学习后期，他与指导老师多次讨论论文题目，导师坚决不同意开发性能更高的仿真支撑软件，认为这种题目远远超过了硕士学位论文的水平要求，并指出：客观上，现有的几种支撑软件功能已相当全面，而且经过了多次工程实践的考验；主观上，硕士生对计算机仿真技术缺乏全面的了解，尚不具备开发这类大型软件的能力。而且只有一年的论文写作时间，而完成这种需若干年的大课题，几乎是不可能的事。建议选择一个对象，做一次仿真研究。

马小喜为此满腹委屈，找柯灵灵诉苦。柯灵灵劝他说：

"人生不如意事，十之八九，碰个钉子，对改变你好大喜功的性格有好处，还是尊重导师的意见为好。"

马小喜有些生气地说："当初是你讥讽激将，现在又劝我随遇而安。翻手为云，覆手为雨，你总有理。"

说罢，甩手而去。随后又找到刘阳，倾诉心中的不平。

刘阳劝解说："当初一时兴起，提出仿真技术中带方向性的问题。导师的意见很正确，目前你的主观条件和客观条件都不具备，仓促上阵，可能以失败告终。莫若按老师的建议选题。来日方长，又不是什么壮志未酬身先死，以后再搞就罢了，何需如此烦恼。"

"小师妹的批评很中肯，你和我都有这个毛病。我劝你好好琢磨一下她的话。如不是对你真正关心，怎会下此针砭？"

马小喜无言以对，郁郁寡欢地回到学校宿舍。待他情绪慢慢平静，觉得柯灵灵和刘阳的话确有道理，逐渐打起精神重新选题，但心中仍耿耿于怀，觉得大家对他的知识水平和能力信心不足，隐含轻视之意，因此暗下决心："将来一定要做出个样子来，让你们瞧瞧。"拟选一个工作量不大、容易做的题目写论文，以尽快拿到学位。想到拿到学位后，自己的工作空间十分广大，海阔凭鱼跃，天高任鸟飞，不觉面含微笑。

反复思量后，马小喜选择汽车模拟器作为论文题目。指导老师同意了，但提醒他此论文有一定难度。马小喜不以为然："前辈们将复杂的宇宙飞船、军用飞机、热核反应堆等模拟器都搞出来了，难道我连常见的汽车也不能仿真好吗？况且现已有几种汽车模拟器可供参考和借鉴，我有信心一定会超越前人。"

论文开题后，首先需要进行大量的资料收集工作，其次是准备好仿真平台，后者由老师协助。大观园中的仿真技术研究所，无偿提供了几种仿真支撑软件，但只限在该所使用，不允许用于营利项目。这一措施正中马小喜下怀，他想自己可以借机多了解几种支撑软件的情况，分析它们的优劣，为实现雄心壮志打下基础。

马小喜收集资料的工作进展十分顺利，前后花费一个月的时间，去了几所汽车驾驶培训学校，参观了几种模拟器，又到出售汽车模拟器的公司，索取了部分技术说明书，重要的是到学校的汽车系，参观它的重点实验室，其中有现代化的汽车模拟器。那是在一个液压六自由度运动平台上，设置一辆真实轿车，围绕轿车四周有环境图像。轿车中的操纵设备和仪表均通过传感器与计算机相连接，从而构成了一个完整的汽车仿真系统。马小喜向有关教授请教，对汽车运动数学模型的建立，获得了较多的启发。教授还赠送他一本《汽车操纵动力学》的专著。马小喜非常得意，征求刘阳的意见，准备拟定论文提纲和工作计划。刘阳问他是否玩儿过在计算机上驾驶汽车的游戏和娱乐场所的汽车模拟器？

马小喜回答说："我会开车，从未对这些东西发生过兴趣，再说，现在是讨论运用仿真技术建立高水平的汽车模拟器课题，与娱乐游戏有什么关系？"

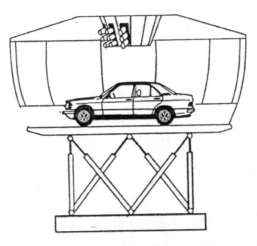

现代高级汽车模拟器

"你这是一种偏见，认为娱乐设施低档，并且把娱乐业的模拟技术与高技术的仿真系统技术截然分开，将它们之间的界限划得太清楚。需知当前的时代，由于技术发展速度太快，各领域之间的界限相互交叉和重叠，已经变得模糊起来。实际上，不少游戏的三维视景软件质量非常高，为什么不能从中学习和汲取有用的知识呢？"

马小喜仍有顾虑："在正规的学位论文中，引用游戏内容，岂不降低了学术水平？"

刘阳答道："对所谓学术水平的认识，在中国知识界，存在着更深的偏见，包括大学中对学位论文的要求和衡量标准在内。如果论文没有写入足够数量的数学公式，就被认为水平不够。对解决工程实践问题中的一些哪怕是新颖的思想和方法，也不屑一顾。就我所看到的博士硕士论文中，真正有实用价值的东西并不多。而为了撑起所谓高水平的架子，空谈理论，大量引入数学模型的做法，却比比皆是。理由很简单，说是为了全面考察研究生的基础理论水平。但有一句名言，对搞实际工程技术的人员来说非常正确，那就是，不管黑猫白猫，捉住老鼠就是好猫。"

马小喜反驳说："你对学术和学位论文的看法，恐怕也有很大的片面性。批评别人有偏见，可能你的偏见更大。"

刘阳严肃地说："辩证法告诉我们，正确的思想中含有谬误的成分，错误的思想中也包含正确的内容。唯有实践的效果，才是检验真理的唯一标准。"

马小喜接着说："不用再谈哲学了。实际上，你我都不能左右社会上的传统思想，书生空议论，与事无补。还是讨论我的论文提纲和写作计划吧！"

　　在向指导老师汇报的小型开题审定会上，听了马小喜对论文提纲的说明后，在场的一位汽车系老师首先提出问题：

　　"汽车的种类很多，如轿车、集装箱运输车、大型客车、吉普车、小卡车和拖车等，它们之间有很多差异。就算同一类车，发动机也不是单一的汽油机，还有柴油机和最近出现的电动车，甚至利用氢气的新式发动机等。你要仿真的对象有没有针对性？"

　　指导老师则从另一侧面提出问题："汽车仿真除了建立汽车运动动力学的数学模型、开发适合汽车行驶的窗外仿真视景、模拟操纵设备的感觉外，还有若干复杂的问题。例如两侧的后视镜视景问题、车路之间关系的数学模型问题等。视景问题又包括晴天、雨或雪天、雾天、白昼和黑夜的显示效果。车路之间的关系则包括何种材料铺设的道路，路面有水、雪、冰或不平整路况对行驶的影响等。你是否已全面考虑了？"

　　来自仿真技术研究所的一位专家提出："你是准备采用普通的计算机仿真技术，还是用更高一层的虚拟现实技术加以实现？"

　　还有老师问，设想的汽车模拟器是用于驾驶培训，还是用于新车型的操纵性能研究？

　　马小喜听得头都涨大了，原以为自己准备得很充分，结果却对课题考虑不周，漏洞百出。在感谢了诸位老师和专家的帮助后，马小喜请求指导老师允许他重新考虑方案和具体内容，老师同意了。

　　柯灵灵和刘阳得知这一情况后，为排解马小喜的烦恼，鼓励他克服困难，便邀约一起到柯家吃饭、散心。看他愁眉不展的样子，柯灵灵开玩笑地说：

　　"你对论文提纲如此马虎，又一次扮演了马大哈兄弟马小哈的角色。真是江山易改、本性难移呀！"

说得马小喜一脸苦笑。

刘阳检讨说："咱们两人讨论时，我只顾发挥我的'偏见'，没去想过这些细节。我这位师哥充当了一次马大哈，应该向你道歉。"

马小喜用双手使劲搓搓脸，抬起头来说："吃一堑，长一智，挽起袖子再干就是了。"

柯灵灵赞赏道："这才是马兄的英雄本色啊。"

马小喜摊开双手装出一副怪模样："罢了，哪称得起'英雄'二字，不做狗熊就谢天谢地了。"

一旁的柯母也忍俊不禁，莞尔一笑。

饭后，刘阳拿出一张游戏光碟，插入柯家的微机中，对马小喜说：

"来玩一玩汽车驾驶游戏，权当散心解闷。"

马小喜带着不屑的神情坐在机前，但很快引发了他的兴趣，直到在城市街道、高速公路、山间道路等，全部"驾车"跑遍后，才抬起头来叹了一口气。

"有何感想？"

"想不到，效果出奇的好。特别是视景图像的质量，比我在有些培训用汽车模拟器上看到的精彩多了。正如你所说的，门户之见要不得。"

"不能轻视娱乐行业近年来的成就，高新技术早已渗入其中，我想你深入了解后，会对你的论文有所帮助。"

马小喜滑稽地举手敬礼："谢谢大师兄的教导。"

柯灵灵取笑道："嬉皮笑脸，毫无诚意。"

一份标题为《虚拟现实汽车模拟器》的论文提纲和工作计划书，放在了指导老师的案头。

从老师阅过后面带微笑的神情中，可看出他对马小喜这次的准备工作相当满意。敲门后，马小喜进入办公室：

"老师，您找我？"

"你这份论文提纲和实施计划写得较好，说明自上次讨论后，你下了不少功夫，只是模拟器不分车型，企图用换软件的方法，实现不同车型的转换，从而达到通用性，这之中工作量可能太大了，好在不一定将所有车型全都包括进来，看时间是否充裕。能做出两三个不同类型汽车的仿真软件，已经很好了。另外，选用虚拟现实技术有个深度问题，建议你暂不考虑将方向盘等操纵设备虚拟化。"

马小喜道："仿真技术研究所不是已经开发成功使用数据手套的虚拟操作技术吗，我们为什么不能使用同样的方法？"

指导老师笑了："那项技术尚不成熟，你所看到的是表演性质的东西。例如当你感到握住虚拟操纵杆时，在力反馈的作用下，手的握紧动作会不自觉地停下来。如果再使劲，又会发现操纵杆不是实体。这个问题就当前的技术发展而言，是可以解决的。如采用正反馈的原理，随着手握力的增大，会产生大的反作用力，但这个力总是有限的。又如在手套中装设一套微型机构，由计算机控制在适当的位置，手套的手指部分被制动。但这样复杂的微型机构，它的设计开发难度较大，且造价也会很高。"

马小喜听后默然，心想：先做起来再看情况，反正主动权掌握在自己手里。

此后的一个多月时间里，马小喜忙得几乎食不知味，席无暇暖。他精心研读专著、浏览自计算机网络下载的资料、跑图书馆查书、去研究所熟悉几种仿真支撑软件的功能和使用方法、向有关专家请教等。当然也免不了与刘阳碰面探讨一些问题。将近两周的时间，柯灵灵没有得到马小喜的任何消息，她有些沉不住气了，给刘阳打电话询问情况，刘阳问她：

"你为什么不直接打电话找他？"

"我给他宿舍、办公室甚至仿真技术研究所打过电话，都找不到。他的手机关机，我在电子信箱里留言，也不见他回音。"

刘阳一声叹息说："我最近与他只见过两次面，他一心扑在工作上，已达到废寝忘食的地步。这样吧，明天是星期六，我一定想办法在晚饭前把他拖到你家，让他散散心，也让你放放心。不过有一个条件，那就是你得做几个好菜，酬劳我的帮忙啊！"

柯灵灵笑道："馋猫鬼，大姐烧得一手好菜，我如何比得上，少不得要献丑啦。请大姐和哲生一起来啊。"

周六傍晚，刘阳一家和马小喜迈入柯家厅堂，柯灵灵打量了一下马小喜，只见他胡须未刮，头发乱得像鸡窝，衬衣和牛仔裤也多日未换洗，不禁说道：

"瞧你这邋遢样，怎么搞得这么狼狈？"

刘阳说："我到处找他，最后在图书馆的角落里把他抠出来，未容打扮，直接拉到你家。"边说边推马小喜进洗手间："快去梳洗一番。"

"我不修边幅惯了，现有个问题急于向你讨教。"

"今晚莫谈技术，只准闲聊。"刘阳答道。

饭菜摆上桌，柯灵灵知道渔家出身的马小喜善饮烈酒，而且酒量惊人，还不愿喝名酒，便特意准备了一瓶65°的二锅头。

马小喜看到酒，眼睛一亮，笑道：

　　"谢谢你的体贴，请再开恩，准许今晚让我开怀畅饮，以解多日的疲劳。"

　　"四两为限，不许多喝。"

　　刘夫人道："哟，尚未过门，就滥施家教。有师姐做主，你就喝个够吧！"柯灵灵顺手打了她一下。

　　酒酣耳热，马小喜道："我憋不住了，非谈技术不成。最近在搞汽车的数学模型，对建模技术有些想法，急需讨论。"

　　刘夫人说："这是你们男子汉的本性，把事业看得比一切都重要，解除禁令，让他说罢。"

　　马小喜说："众所周知，对象的数学模型可以分成白箱、灰箱和黑箱。大部分人造系统都属于白箱，它们的机理和行为是比较清楚的，例如汽车就属于这一类。将汽车在发动机的驱动下，在道路上行驶的过程，以数学表达式来表示，就是它主要的数学模型。但是要看你用这个模型做什么事，是用于培训司机、探讨汽车动力与行驶的关系、研究如何减少车身外形的空气阻力，还是用于操纵性能的研究，甚至用于娱乐等等，数学模型描述的侧重点都不同。至于灰箱主要是指生态、经济等领域中遇到的模型，我对其机理虽有所了解，但不很清楚。黑箱则主要是指生命科学、社会科学等领域的模型，本人对其机理却知之甚少，甚至完全不清楚。我们暂不讨论这类问题。"

　　刘阳问："你的问题在哪里？既然汽车的数学模型属于白箱，并且你要搞的汽车模拟器主要用于驾驶培训或分析研究，据我所知在专著中，早已给出了较详尽的数学表达式，写论文应该没有什么困难了。"

马小喜答道："表面看确实如你所说，问题在于汽车模型的数学结构是清楚的，但具体化时需要许多试验数据，例如车轮与不同路面的滚动摩擦系数和刹车时的干摩擦系数，流线型车身的阻力特征系数，不同类型汽车、不同发动机、不同档次配合下所产生的初始加速度等。这类参数通常都是通过风洞试验或实际测试获得的，我怎么能在短期内找到，并且又怎么知道所获得的数据与实际相符的准确程度呢？这个问题，我已在熟悉仿真支撑软件时，想到了一种方法。花了不少时间学习现有的几种仿真支撑软件，后来还是一位搞工业仿真的女同志拷贝给我一套用于工业领域的仿真支撑软件。它不但面向对象，而且面向算法。只要有数学表达式，可以使用基本算法图形模块建模的方法，我称这些图形化的算法为砖块，在屏幕上按表达式调出砖块用线段连接起来，就能迅速构成仿真模型，立即投入运行。任何对象可被拆成不能再分割的小局部，然后对这种小局部使用上述方法，建成局部模型，将这种局部仿真模型打包处理，就成为面向对象的局部仿真模型，把各个局部再打包处理，就是对象的全部仿真模型。但计算时，仍依砖块连接的通路顺序进行，每一次仿真计算后，所有砖块或局部模型的输出，也是下一次计算时相邻砖块或局部模型的输入，不需组成完整的程序文件，免了程序编译和连接的麻烦，并且给运行中的在线调试带来方便。因为在运行中，修改任一砖块的参数和改变砖块之间的连接路径，不会影响其他砖块的运作。可谓牵一发而不动全身。不但如此，在一个对象中，可能包含了大小惯性相差甚远的部分，模块化后，允许对惯性不同的局部，采用不同的计算时间步距，大惯性体步距大，小惯性体步距小，从而保持了计算的精确性。只要求大步距是小步距的整数倍，一举解决了所谓系统的'病态'问题。这个支撑软件更有一个新功能，那就是自动调试功能。原来为调节器自动寻求最佳整定参数之用。但我想把它发展成为任何参数的最佳整定，例如若已知对象或其局部输入与输出的实测值，它就应该能自动调整数学模型的有关参数，使其尽可能地逼近实测结果。也就是说，它有可能实现局部或全局的自动建立仿真模型。当然它只局限于改变模型的参数。如果数学表达式的结构是错误的，所谓自动建模也必然失败。所幸的是属于白箱类模型，数学表达式的结构基本上都是正确的。"

刘阳饶有兴趣地说："听起来不错，这个支撑软件叫什么名字？"

"叫过程仿真软件。我在仿真技术研究所使用几种软件并做功能分析比较时，偶然结识了这位搞工业领域仿真的女士，经她介绍并帮我熟悉该软件的使用技巧，使我获益匪浅。最近几天，我借了一辆汽车，在普通街道、国道和高速公路上行驶，以获取实车不同状况运行的数据，就是想用自动调试的方法，自动建立模型。我给它起名叫自动仿真建模法。详情当然要复杂一些，若待定参数多，可将待定参数分解开来，一组试验只解决一两个参数问题。多次试验，就会获得所需的结果。这种方法看似笨拙，但总比纸上谈兵效率高得多。"

刘阳问道："有些参数相互间有耦合关系怎么办？"

"这正是问题的复杂性之一，我正在研究中。第二个困难问题是，汽车模拟器是以人作为操纵者，也就是通常所说的以人为闭环系统的一部分。过去仿真工作者的注意力常集中在仿真模型计算结果的准确度上，把这一点作为衡量仿真系统逼真度的唯一标准。但重要的是人在模拟器中的感觉，计算机输出的是数据，显然再准确的数据也不能直接由人体感官来接受。只有载体的运行姿态、加速度、视景效果、操作力度、声响等，才能使人的眼、耳、身躯、手臂、脚等产生感觉，模拟器仿真逼真度应以感觉的逼真度来衡量。将数据转换为人的感觉，是重要环节。所以，模拟器应是各种现代技术的综合运用体，而不单纯是数学模型和计算机运算问题。"

"你这个认识很好啊，可以写篇论文。"

"这个问题的复杂性在于要掌握许多专业知识，如自动控制、传感器、运动仿真平台、立体声响、仪表、操作设备，等等。这样下去，我非累死不可。"

柯灵灵插话说："你又夸大其词了，退路不通，知难而进，我倒想看看你会不会累死！"

马小喜举起双手："遵令！小的一定向前冲。"

大家哈哈大笑。

第九章

结新友畅谈工业仿真机
访故老谬讲宇宙大爆炸

书接上回，但此处要来一次"倒插笔"，补述马小喜在一周前的一次奇遇。

酷热刚消，余温仍高。一天下午，马小喜在仿真大观园的仿真技术研究所软件室埋头查阅资料。他获知该室有几种仿真支撑软件，有两三种是在小型计算机上使用，另有一种是利用控制系统组态软件，增加某些对象的模型凑成的，还有两种用于专业领域（如火力发电厂）培训仿真机的支撑软件、化工过程仿真支撑软件等。马小喜本具有雄心壮志，设想自己能够从众多的支撑软件中，比较它们功能的优劣，为不久自行创制高级支撑软件打下基础。但他没有想到一套成熟的软件系统，无论从结构、内容，还是功能上，都十分复杂。不说比较它们的优劣，仅限于深入了解其中一种，也不是很容易的事。此时此刻，他才明白指导老师劝阻他的硕士论文不能选此题目，是多么的正确。

在资料中，他发现一份西方某个著名公司的仿真支撑软件介绍，其功能十分全面，其模型库中，包罗万象，使用也非常方便，只可惜该资料属于商业宣传，没有实质性内容。在资料中夹着一个手写纸条："这个软件堪称最佳，我曾致电该公司询价，答复通常是仅提供使用权，每次15万美元。若要提供该软件，价格在100万美元以上。而且由于战略原因，不向中国供货。此强国欺侮弱国的又一表现也。"下面署名宋陶然。马小喜嘴中"咕噜"了几遍宋陶然的名字，而后忽然哈哈大笑道："妙不可言，宋陶然者送桃来也！"

室中几位正在工作的人员，闻声一怔，角落里一位二十七八岁的女士站起身来质问："谁叫我的名字，这么没礼貌！"

马小喜见这位女士圆圆脸，一头短发，两只明媚的大眼睛闪着光彩，身着一件浅色碎花连衣裙，面露恼怒之色。他没有料到"宋陶然"这个男性化的名字，竟是一位女性，连忙惶恐地站起来道：

"对不起，我看到这张纸条上有宋陶然的签名，联想起谐音送桃来，不禁笑出声来，不好意思。"

宋陶然瞪了他一眼，看到他的窘态，又不禁扑哧一笑，边走过来边说："什么联想，简直是胡思乱想，拿别人的名字乱开玩笑。给我看看是什么纸条？"

"噢，这是我几年前留下的，我都忘了。怎么，你对此感兴趣？"

"是的，非常有兴趣。"

周围有人提议，请他们到外面谈。

宋陶然竖起食指放在唇上，轻声说："我们到外面去。"

两人收拾好东西，相继出门。

走廊里，宋陶然问道："还未请教您的尊姓大名！"

"不敢当，我叫马小喜。"

宋陶然沉思了一下，笑道："马小喜这名字很别致，尊兄是不是叫马大哈？"

马小喜摊开双手说："你的报复心真重。干脆坦白告诉你，我的外号叫马小哈，可看成马大哈的兄弟。"

两人同时大笑。

宋陶然打量了一下眼前的马小喜：只见他虎背熊腰，身强力壮，两眼有神，透露出一股灵秀之气；一条牛仔裤、一件旧衬衣，配着满腮胡须和一头乱发。她笑着说："看外貌马小哈名副其实。我们就在这里谈吗？"

"相逢总是有缘，我请你去喝咖啡怎么样？"

"好，就去喝咖啡。"

在虚拟旋转餐厅中，两人占了一张小台子，要了两杯热气腾腾的咖啡，相对而坐。宋陶然拍拍手说：

"你想知道些什么？说吧！"

"有关仿真支撑软件的事，我都想知道。"

"题目太大，从何处说起呢？这样吧，拣我熟悉的领域开始吧。"

马小喜插嘴问："你从事什么工作呀？"

"我学的是自动化专业，毕业后一直搞工业控制系统。后来从事发电厂培训仿真系统工程的开发工作。"

"那你也要使用仿真支撑软件了。你在字条上，对西方某公司如此欺侮我们，愤慨之情跃然纸上。请问一句，难道中国就没有一套能与之匹敌的支撑软件吗？"

宋陶然笑答："几年前我写那条子时，对西方国家心中虽有不满，但因为支撑软件是公司赖以竞争的重要知识资源，所以还未到愤慨的程度。我看你现在倒是愤慨之情跃然脸上！"

说得马小喜也笑了。

"我先回答你眼下的问题——中国为什么尚缺优秀的仿真支撑软件。自改革开放政策实施以来，三四十年的时间，中国取得了令世人瞩目的巨大成就，但也带来了一些不利因素。各大学也加入到市场竞争中，追逐利润，使本来办教育和学术研究的一片净土，充满了铜臭气。为赚钱，就不免急功近利。开发一套功能齐全的仿真支撑软件，通常属于大学和研究机构的事，而且要求投入许多人多年的劳动。所以，谁也不愿做这种'傻事'。这就是至今我国仿真支撑软件水平赶不上国外最高水平的主要原因之一。其次，在当年，我国的一些企业家和多数用户高新技术的素质较低，重视硬件，轻视软件，认为前者花钱值得，而把软件看做任何程序员都可以编制的简单劳动。这种影响至今仍然存在。"

马小喜听后不禁扼腕叹息。宋陶然接着说：

"仿真支撑系统起源于生产过程的仿真领域。你听说过美国三里岛核电站的事故吧。核电站的安全问题，无论是政治家、实业家，还是平民百姓，都将此看做严重的大问题。三里岛事故发生后，美国人很快投入大量资金，仿效军队训练模拟器的做法，开发核电站操作人员培训用的仿真系统。我国电力部门称之为培训仿真机。不久后，这类工业领域的培训仿真系统，推广应用于火力发电厂、水电站、石油冶炼厂、各种大型化工生产线等。工业领域的仿真对象，较之军队武备要复杂得多，为解决开发复杂生产过程仿真系统问题，仿真支撑软件应运而生，并在工程实践过程中逐步完善。经历了二三十年时间，其中还夹杂着计算机技术的高速发展，操作系统的不断演变，以及程序设计由手工作坊式编程，到使用工具软件的改进等。所有这一切相互促进和融合，才使仿真支撑系统逐步达到了现在的水平。"

"我们是在 20 世纪 80 年代中期，接触到火电站和化工领域的仿真支撑软件。你想一想，考虑到上面提到的国内各种不利因素，怎么可能轻易赶上国际水平呢？"

讲到此处，宋陶然拿起杯子，喝了一口已经凉了的咖啡。

"请问仿真支撑软件的主要特征是什么？它仅仅是一个工具软件吗？"

宋陶然说："要了解它的特征，先要知道系统仿真与科学计算的异同。相同之处是，两者虽都需要将按数学模型编制的程序装入计算机进行运算，但科学计算仅需获得计算结果，系统仿真则是系统按时间序列过程变化的再现或推演技术，亦即系统仿真是面向动态过程的。历史上出现过的模拟计算机、混合计算机、数字微分分析器及著名的银河仿真计算机等，都是为解算描述动力学系统的微分方程的工具，甚至早期大学中为研究生开出的仿真课程，也主要是讲微分方程的各种解算方法。"

"所以，仿真支撑软件最主要的特征是提供一个时间运行环境。所谓时间运行环境，包括实时运行，这是所有的以人为闭环的模拟器所必须的。还应具备加快或放慢进程但时标不变的技术方法，这却是工业仿真需要的。如锅炉上水后点火，仿真工作人员不能等待数小时后再获得蒸汽参数，显然需要加快锅炉的蒸发进程。再如一座反应堆启动，中子击破铀原子核产生连锁反应，是在一瞬间完成的，你想了解这个过程，则必须放慢仿真时间等。其第二位的功能是能进行辅助建模，它应该拥有包括所有数学计算的算法库，采用最简便的图形建模方式，或称虚拟模拟机，根据原始数学模型，迅速构成仿真计算模型，而不需进行任何编程的工作。第三是面向对象，在它的数据库中，应该装入众多对象的模型，通常是将复杂的对象，分解为不能再细分的局部，对描述这些局部过程的仿真算法的集合，构成对象模型库，用以减轻专业人员使用仿真技术时的劳动。对象模型库越丰富，该支撑软件的用途越广泛，水平也越高。第四是对仿真系统的管理功能，可以具体包括教员 / 工程师站的全部功能。第五则是其他方便使用的特殊功能，如能实现在线调试和自动调试等。前者常使用动态数据存储区的方法。实际上系统仿真支撑软件的特征，只有提供时间运行环境这一项，是属于系统仿真本质的内容。"

马小喜还想继续请教几个问题，如在线调试和自动调试的具体方法，以及动态数据存储区的特点等，宋陶然抬起手腕指着手表说：

"请你看看时间，现在该吃晚饭了。"

看着窗外正在慢慢旋转的城市风光，正是阳光明媚的下午时刻，马小喜"哎呀"一声：

"我忘了窗外是虚拟视景，还以为是午后不久呢。我们就在这里吃晚饭怎么样？"

"客随主便。"

马小喜叫来服务员，点了两样热菜、一个冷盘和一碗汤。随口问道：

"喝不喝酒？"

"当然奉赔。"

马小喜惊讶地扬起眉毛，盯着她的眼睛说："喝红酒还是啤酒？"

"怎么，吃惊了？你喝什么我喝什么。"

"我喝65°的二锅头。"

"还是老话，当然奉陪。"

马小喜见她回答得干脆，心中疑云大起，向服务员喊道：

"再添一个凉菜，拿一瓶二锅头酒。"

马小喜举起酒杯："感谢你的讲课，听君一席话，胜读十年书，请干一杯。"说罢，一仰脖子喝干了杯中酒。宋陶然也一口喝干了杯中酒，冷冷地说：

"马小哈未免夸大其词，十年书相当于中学加大学的全部时间，可惜我不习惯于任何奉承语言。"说着，又端起杯子倒满酒一口喝干，皱了皱眉头。马小喜对宋陶然的直接顶撞，颇感不自然，便故意问道：

"是不是酒性太烈，使你不习惯？"

"非也，只是觉得杯子太小，小口呷酒，哪显得出我的豪气。"换过大杯，宋陶然笑道：

"凭你下午说的那句'相逢总是有缘'，我们不妨浮一大白。"两人对干一大杯。

马小喜虽是渔民后代，而且一向以风流倜傥自豪，但从未碰见过如此大胆泼辣的异性，不觉有点手足无措，不知如何应对才好。宋陶然看出他的窘态，改换话题道：

"饭前说到哪里了？"

"正想继续请教仿真支撑软件几个细节问题。"

　　"你既称有缘，应能免俗，谈话中不用再加'请'或'请教'之类的谦词。为此，再干一杯。"

　　马小喜被她的风趣惹得笑起来，心境也坦然不少。两人又喝了一大杯。马小喜听过她讲解仿真支撑软件，发言条理分明，滔滔不绝，心中本已十分敬佩，现又见她几杯落肚，娇脸酡红，细眉飞扬，明眸皓齿，真是艳比桃花，不觉看痴了。

　　"瞧你这呆样子，盯着我傻看什么？"

　　马小喜不好意思，遮掩说："我在思索你饭前的讲话呢。不过，你如此漂亮，我哪能不多看几眼？"

　　"你知不知道，一个大男人这样看姑娘，是十分失礼的事。"

　　"美丽动人的事物，必然具有很大的吸引力，这怪不得我。"

　　他又接着调侃道："戏曲中有'人面桃花相映红'之句，我看你现在是'人面酷似桃花红'。"

　　宋陶然娇嗔满面地低声说："你的胆子不小，你妻子知道后，饶不了你。"

　　"小生无妻。"

　　"越发放肆了。女朋友知道也一样。"

　　"男士欣赏美女，她会谅解的。"

　　"你如此轻狂，我却不能谅解。"

　　"已经如此，又待如何？"

　　"真是赖皮。谁和你嬉皮笑脸的。这样吧，罚酒一杯，下不为例。"

　　"小生得令。"马小喜举杯一饮而尽。

　　"瞧你这没正经的样子，我们还要不要谈下去？"

　　马小喜赶紧搭话说："刚才只当是调节气氛的小插曲，当然还要听你继续讲下去。"

"好吧，饭前我们分析了中国为什么没有优秀仿真支撑软件的主观和客观原因，顺便将一些学者只顾发财、不愿做艰苦的学术工作的现象，贬斥了一顿。其实这些看法有很大的片面性。国内还是有不少软件工程人员，在埋头做这类工作。我手头就有一套功能较齐全的仿真支撑软件，名字是 PROSIMS，即过程仿真软件之意。它当然达不到国际水平，但花费了十几人多年的心血，并经过 10 个工程考验，现已出了 4.1 版本。它的功能比较全面，具有刚才我讲过的特点，使用也很方便，并且还有控制系统的自动调试功能。缺点是数据库中面向对象的模型不够丰富。但我相信，随着这套软件的推广应用，它的模型数据库中各种对象的数学模型也会逐渐增多。就像一个人头脑中的知识是逐步积累的过程那样。杂志还介绍过它用于军事仿真的 5.0 版本，尚没有拿到。我目前的工作主要靠它来支撑。"

马小喜惊喜地说："太好了，能否给我拷一份？"

"可以考虑，但你必须保证不用它去赚钱。"

"你看我是那种唯利是图的人吗！"

说罢，马小喜举起酒杯："谢谢你的大力支持，我仅仅是为了写硕士论文使用。干一杯庆祝一下。我拿到这个软件后，如有不明白之处，还请你不吝赐教。"

"硕士论文的题目是什么？"

"虚拟汽车模拟器。"

"这个软件主要用于工业领域生产过程的仿真，对于汽车类载体的仿真，用起来恐怕还需要你做些工作。"

"有困难找你答疑行不行，我真诚地希望你能助我一臂之力。"

"好！我也可以从中学到新知识，何乐而不为。"

马小喜欢呼道："愿合作成功。干杯！"

突然，从他的身后传来一位老者的声音："小伙子，你的声音是否太大了，不怕影响别人吗？！"

马小喜回过身来，发现一桌独坐着一位似曾相识的白发老人。他怔了一会儿才回忆起，眼前的这位老者就是虚拟旋转餐厅试营业那天，召开仿真技术沙龙会的主持人——陈也新。

马小喜赶忙起身说道："对不起，惊扰了陈老，向您道歉。"

"你怎么认识我？"

"陈老在仿真界鼎鼎大名，我有幸在一次仿真沙龙会上听过您的讲话。"

"哦，你就是那次去本餐厅开会的客人之一吗？记得会议开得很活跃，有个年轻人提出人身经络与计算机网络对比，还有什么进入名国、名画中去虚拟游览等等。"

"那个人就是我。"

陈老仔细打量了他一番，笑着说："怪不得有些面熟。"

"陈老最近忙什么工作？"

"我对宇宙大爆炸产生了兴趣，设想做仿真演示，但困难很多。我想起来，上次沙龙会上，有人说你肚子里的牛黄狗宝挺多。据我观察，你的想象力也很丰富，愿不愿约个时间到研究所二楼我的办公室谈一谈？"

"诚所愿也，不敢请尔。谢谢您的邀请，不知能否多带几位感兴趣的朋友？"

"可以，可以。欢迎，欢迎。"陈老稍做停顿道："就定下星期一下午两点半吧。"

说着，他扫了他们桌子一眼，笑笑说："你们能喝二锅头，不由使我想起自己年轻时纵酒高歌的情景，真是人生易老天难老啊！"

"您何不也喝一杯，以解单人吃饭的寂寥！"

陈老边走过来边说："好罢，对酒当歌，人生几何？譬如朝露，去日苦多。年轻人要多珍惜你们的好时光啊。"

马小喜向他介绍了宋陶然。

宋陶然举杯说："祝您老人家身体健康，长命百岁。"

陈老哈哈一笑，饮了一大口，问道："你们谈什么呢？莫不是谈恋爱吧？"

马小喜连忙解释说："我们今天下午才认识，我正在向她请教仿真支撑软件方面的知识。"

"难得。以科学技术佐酒，倒是件稀罕事。三国曹孟德煮酒论英雄，今夕马壮士杯酒谈技术。这大概也算是时代进步的表现吧。"

"陈老真幽默。"

陈老回复说："虽然科学已证明动物也有感情，甚至有智慧，但它们却没有幽默。这是人类有别于其他生物的重要情感表达方式之一。它可以舒缓胸怀，调和严肃，安慰悲苦，增添风趣，甚至讥讽世风。切莫等闲视之哟。"

三人笑谈欢饮，直至酒足饭饱，相互留下电话号码后，方始散去。

转眼到了星期一下午2时许，一行人陆续来到仿真技术研究所，有刘阳、马小喜、柯灵灵、宋陶然，以及赶来凑热闹的唐大壮父子。马小喜将宋陶然介绍给大家，说：

"这位就是对我帮助很大的送桃来小姐。"众人均笑，宋陶然白了他一眼说：

"马小哈，你怎么这样介绍人家！"

马小喜向宋陶然介绍柯灵灵时，特意补充了一句："这是我的女朋友。"

听罢，宋陶然不禁向柯灵灵多打量了几眼，柯灵灵含笑回敬。恰正是：一个苗条多情，外柔内刚；一个妩媚多姿，胸无城府。正是春桃秋菊，各擅胜场。

陈老在屋里听到门外有动静，忙打开门迎接道："欢迎，欢迎！我这里难得这么多人光临。"

他的办公室不大，左墙摆满到顶的大书橱，放置着硬皮厚工具书、古籍线装书、外文书刊、各类图册、历史长篇、文学名著等，琳琅满目。书橱前一张大写字台，杂乱无章地堆积着字纸、翻卷的书刊、报纸、辨识小字体的放大镜，笔筒内插着各色铅笔、钢笔等。靠窗一列长案，案上左边近屋角处有一台微型计算机，显示器上显示一幅未下完的围棋图，旁置一台打印机。右边仅有一只硕大的古砚和几支不同规格的毛笔置于笔架上。办公桌对面是一套摆成半圆形的长短沙发，中间一个矮茶几，放有茶盘和茶具。沙发背后墙上，一块裱好的白纸上写有隶书大字：

> 知我者谓我心忧，
> 不知我者谓我何求。
>
> 《诗经·国风》

字体龙飞凤舞，颇见功力。

陈老招待大家坐在沙发上，自己则搬来一把椅子，隔着茶几坐在对面。

"壶中有茶，请随便用。我在等一位搞数学的朋友来，咱们再讨论宇宙的仿真问题。"

马小喜忙拿起茶壶，先给宋陶然倒上一杯，再给柯灵灵倒茶。柯灵灵向宋陶然努努嘴，轻声笑说：

"才认识就开始献殷勤啦！"

马小喜低声回答："不许胡说。"

小强接过茶壶说："有事学生服其劳。"相继给其他几位斟上茶水。

正说着，办公室的门被推开了，走进一位慈眉善目、身材魁伟的光头大汉。他笑指陈也新说："还未进屋，就听这屋里来了许多年轻人，你是不是又想大发议论，所以拉来不少听众啊！"

大家随陈老一起站起来迎接，陈老介绍说：

"这位就是大名鼎鼎的疯教授，离经叛道的数学家，眼空四海的大狂人，姓王名成功。"

王成功咧开大嘴哈哈笑道："你还有多少顶帽子，一齐掼过来，我若皱一皱眉，就把我的姓倒过来写。"

小强扑哧一声："王字倒过来还是王呀！"

唐大壮赶快说道："不许对教授无理。"

王成功撇撇嘴说："现在教授多如牛毛，包括我在内，用不着客气。"

陈老给王教授让座后说："大家是来讨论宇宙大爆炸仿真问题的，咱们的玩笑暂停，还是来点正经的吧。"

王教授说："好好，你要谈什么宇宙问题，你又不是宇宙学家，大概又有了什么古怪想法。我们先洗耳恭听。"

陈老接道："我不但不是宇宙学家，而且是个大外行。依我冷眼旁观，所谓宇宙学实际上是盘大杂烩。其中包含着支离破碎观察到的天体现象，再加上各种假设条件下的计算，恐怕猜想的成分和纸上谈兵的内容居多数。"

王教授用指头点着陈老哈哈大笑说："简直是胡说八道，大言不惭。宇宙学说虽然尚未形成一套严密、为多数人所承认的体系，但却合理地解释了不少观察到的现象。你这位宇宙学的白丁，居然将它贬低为一盘大杂烩，未免太过荒唐了。"

"古往今来，在学术上外行胜过内行的例子，比比皆是。百家争鸣中，白丁也是一家，叫做外行家，有何不可？"

"我们是在讨论严肃的学术问题，用不着强词夺理的口舌之争。请问你对宇宙有何新的发现和新的见解？"

"新发现没有，但对旧发现却有一些看法，如骨鲠在喉，不吐不快。在说我的看法前先提个问题。试问，在无限广阔的宇宙中，什么东西才是永远存在、不会消亡的？"

大家满脸疑惑。

唐大壮怔了一会儿说："哪会有永不消亡之物？！据我粗浅的知识，连太阳也会耗尽它的热核能量而灭亡，最后转化为白矮星，地球等则将被其吞噬。"

刘阳接道："仿真是面向事物发展过程的，研究宇宙，当然也要对宇宙的起源、演变，直至灭亡的全过程，按时间序列进行仿真研究。如果广阔的宇宙中，存在不生不灭之物，系统仿真技术在对这个领域岂不失去了针对性？"

陈老道："以人类现在有限的知识水平看，宇宙间只有物质和能量是永远存在、不会消亡的。但是我并没有说它们不会变化，有变化就有过程，有过程就能使用仿真技术进行研究，譬如再现这个过程和推演过程的发展等。"

马小喜插言："有发展就有终结，就是灭亡。这不是又产生矛盾了吗？"

陈老反驳道："这并不矛盾，因为虽然单一的过程终结，但宇宙中存在着千千万万的单一过程，每个单一过程的起始或终结时间都可能不相同，但每个过程都只有物质和能量两个角色，包括人们猜测的暗物质和暗能量，在扮演着无穷无尽的闹剧。在能量与物质之间可以进行相互转化，物质之间可以相互吸引，能量可以辐射，同时使物质产生加速运动，但它们却永远不会消失，当然也不会灭亡。"

宋陶然说："英国著名的宇宙学家霍金先生提出宇宙中是没有时间概念的，请问，这又如何解释？"

王教授回答道："时间仅仅是人类衡量过程快慢而虚拟的一个度量单位，例如将地球自转一周所产生的昼夜更替过程，等分为 24 小时，每小时又分为 60 分钟，每分钟细分为 60 秒等。中国古代则使用十二时辰，为子、丑、寅、卯、辰、巳、午、未、申、酉、戌、亥作为虚拟单位。但观察过程变化并不一定使用时间作为度量单位，如果存在无数多个类似的过程，我们只要做横向研究，即把众多过程中处于不同发展阶段的状态综合起来，也就全面地了解了全过程。这在数学上叫做各态历经定理。"

讲到这里，他观察了一下众人的反应，看到小强一脸茫然，随即补充说："举个例子，要研究妇女十月怀胎的过程，最笨的办法是跟踪一位怀孕的妇女，观察她腹中胎儿十个月中每时每刻的变化。但另一种较聪明的方法是，找多位不同孕期的妇女，了解她们的胎儿情况，岂不就可以迅速获得怀孕全程胎儿变化的全局了吗。"

小强等人恍然大悟。

陈老补充道："人类至今也不过五六千年的历史，但银河系却已有 130 亿年的历史了。以有限的几千年，研究百亿年的过程，较之盲人摸象更不准确。所幸宇宙空间，存在着处于不同时期的各具形态的星球。抛弃时间度量单位，使用各态历经方法，就有可能对宇宙发展变化过程获得结果。"

马小喜说："霍金先生的理论恐怕不是您所说的研究方式、方法之争，他有更深的含意。"

陈老道："你说得很正确。如果你承认浩瀚的宇宙中不过是由物质和能量扮演的永无休止的闹剧，时间自然就没有什么意义了。2500 年前，孔夫子他老人家答弟子询问宇宙生成前的混沌时期是什么时，就曾说过'无往无来，无古无今'这样一句抛弃

宇宙大爆炸

银河系的形成

时间概念的话。想不到中国古代先哲竟与现代英国宇宙学者存在
共识。"

说得大家都笑起来。

王教授评论说："这纯粹是哗众取宠。"

陈老喝了一口茶润润嗓子，继续说："前面的说法只是我的
粗浅感想，也可称之为不学无术的谬论。好在我已声明是外行家，
否则难免被人耻笑，批得体无完肤，例如王疯子教授就有可能当
场发难。"

"你怕什么？怪老头若不发表古怪言论，那才奇怪，何须计
较别人的看法。你找我们来，恐怕不仅仅是来聆听你的高论或是
谬论吧。为了节省时间，敬请明言，我们也好知道如何适从。"

陈老正言道："提出问题前的开场白十分必要，哪怕是谬论
也需要听众，以争取同情者嘛！宇宙学中有许多未知数，例如现
在几乎已被公认是正确的宇宙起源于大爆炸的理论，以及宇宙边
界正在扩大的观测结果等。试问宇宙既然有边界，那么边界外又
是什么？答曰不可知，无法研究。那就应该在'宇宙'这个名词
前加上代词，称之为我们的宇宙。谁知边界外还有没有别人的宇
宙。我们就以我们的宇宙为界限，把问题局限于从大爆炸开始，
直至其边界正在扩展为止的全过程，来讨论如何利用仿真技术
研究这个过程。国际上对于大爆炸理论已做过计算机仿真，并
宣称获得大爆炸发生后，宇宙诞生时的情景。对于边界扩展，
即宇宙膨胀之说，爱因斯坦等科学家曾猜想,宇宙终将停止扩展，
并在引力作用下,使膨胀转化为收缩和坍缩,最终导致宇宙灭亡。
但后来美国航空航天局宣布，造成宇宙加速膨胀的唯一力量——
暗能量确实存在，而且意味着宇宙扩展速度太快，不会在引力

作用下崩溃，因此得出宇宙不会毁灭的结论。并将此称为是宇宙史上最为重要的学说之一。既然是学说，就可以议论，诸君有何高见？"

他见众人都不发言，便又接着说："我猜想诸位有碍于美国航空航天局是权威机构，不敢挑战它的结论，又不好承认它的正确，处于进退两难的尴尬境地，因此都一言不发。对不对？"

说得大家有些不好意思。

马小喜说："并非如此，我没有看过美国航空航天局的详细报告，没有依据，不能对此说三道四。"

陈老回答道："哲学本身也是一门科学，中国古代哲学所称的'道'，系指万事万物发展的规律。因此，正确的哲学观念应该可以解释一切。我生平最尊重的哲学是辩证法所阐述的对立统一规律。实际上我国古代的易经，早于德国黑格尔3000年前，即已提出阴阳学说的对立统一规律。如果设阳气代表宇宙中的一切物质，而阴气代表一切能量，则可认为现在我们的宇宙正处于阴盛阳衰时期，因而发生膨胀现象。这种阴阳的不平衡，逐步会发展为平衡，并且向对立面转化为阳盛阴衰，即质量之间的引力逐渐大于能量的斥力，宇宙将向内收缩，直至崩溃。现在许多大大小小的所谓黑洞，不正在做这件事么。它们将光辐射能都吃进去了，吞食其他能量，或具有动能的物质等，更是不在话下。"

王教授说："请你刹车吧！从宇宙开始又旁征博引到哲学的辩证思维，这样扯谈下去是没有尽头的。"

宋陶然、柯灵灵等却都抢着说："这样一席话使我们获益匪浅，我们还想继续听下去呢。"

陈老回应道："今天不谈这些了，如有兴趣改日再奉陪。现在要说到请你王疯子来的目的了，我想认真做一次关于宇宙的计算机仿真，请你来搞关于宇宙的数学模型。"

王教授答道："对此，我这外行人只能敬谢不敏。请你去找天体物理学家吧。"

陈老摊开双手，笑对众人说：

"你们看看，疯教授锐气全消，居然失去了疯狂冲劲，实在遗憾。我不想跟着国外宇宙学家们的屁股后面跑，而想另辟蹊径，只涉及物质和能量两个角色，这样也许能使宇宙模型简化。历史上有谁说过一句名言，'最简单的解释就是最好的解释'，我希望做的是对宇宙过程演变的定性仿真，并以图像方式加以表现。我们的宇宙属于复杂系统范畴，所以，这项工作将是十分困难的。但是人类已经拥有了一些知识，如万有引力、牛顿定律、爱因斯坦的能量与物质的转化公式及能量辐射的计算方法等，都可以作为出发点。而且现在流行的所谓分形学，其实并不限于大小几何图形的近似。量子力学研究的微观世界即构成物质本身各种粒子的研究，也许是宏观宇宙的一个可供参考的微观模型。王教授，我深知你被人冠以'疯'字，是因为你从来不在困难面前退缩，而是越困难，越激发你的斗志，勇往直前，义无反顾。因此，今天请你来考虑这个问题。等我们散会后，我再与你详谈。"

王教授听后动容，严肃地说："你的这些想法，确实引起了我的兴趣。不用你给我戴高帽子，或是采用激将法。我答应你回去后认真考虑这个问题。先收集资料，与有关专家讨论后，再做决定，好不好？"

大家默默地离开陈老的办公室，走向仿真大观园的出口。

刘阳突然说道："可叹在追名逐利的现实社会中，思想家太少了，只有极少数人凭兴趣和坚定不移的意志孤军奋战。怪老头就是一个。"

宋陶然说："陈老够不够称为思想家，另当别论。但他不去食外国人的余唾，不畏权威，坚持独立思考的精神，却是值得敬佩的。西方许多技术十分先进，但并不是说他们的思想体系也都先进，起码他们受形而上学和机械唯物论的影响，就比中国学界的人为深。"

第十章

乘舟船展现三峡变迁史
搭航母亲历海上大抗争

　　马小喜拿到过程仿真支撑软件后，一段时间内又忙于自己的论文工作。为了熟悉和掌握支撑软件，他几次找到宋陶然，请教和讨论相关细节问题。一天上午，他为了进一步了解动态数据存储区的机制，又一次约宋陶然在虚拟旋转餐厅会面。两人谈得高兴，不知不觉已到了午餐时间。这次宋陶然主动请客，要了酒菜，相互欢饮。

　　无巧不成书。柯灵灵为维修机器动物园的产品，也来到仿真大观园。忙了半天后到餐厅吃饭，迎面碰上马小喜、宋陶然两人在餐桌边谈笑风生的情景，不免心生酸溜，冲口而出：

　　"哟，想不到二位如此亲密无间。"

　　宋陶然当然明白她的弦外之音，笑笑答道："谈不上亲密无间，只不过说话投机罢了。请柯小姐一道坐下来如何？"

　　"那岂不打扰了你们的雅兴？"

　　马小喜赶忙说："小柯怎么这样说话？请过来坐吧。"

　　待她坐定后，马小喜接着解释说：

"今天上午向宋小姐请教了仿真支撑软件的几个技术问题，顺便又谈起系统仿真只是针对过程而言，领域的局限性显得过于狭窄，将许多新生事物排斥在外，例如机器人和机器动物算不算仿真等。"

宋陶然补充说："我们正在热烈讨论时，柯小姐意外光临。"

这些解释，并未消除柯灵灵心中的不快。午餐后，马小喜向宋陶然道别，亲自送柯灵灵回家。

路上，马小喜对一直闷闷不乐的柯灵灵说："你是否看到我与别的女士在一起，产生了嫉妒之心？"

"我哪有权力干涉你的交际活动，我是为了我的心。"

马小喜有些恼怒地说："咱俩相处这么长时间，难道你还不知道我的心吗？"

柯灵灵突然一笑说："我知道你爱我，但女人的心比较敏感，当你遇到一个比我强的人时，会不会心猿意马就很难说。我希望你冷静下来，仔细分析一下你的感情，省得事态发展下去，误人误己。拜拜！"

说罢丢下发呆的马小喜，径自走去。

马小喜怀着一肚子烦恼回到宿舍，躺在床上，两眼盯着天花板。窗外阳光灿烂，绿树轻风，蝉鸣不绝，一刻也不安歇。心烦意乱中，他无奈地爬起身，冲了一个冷水澡，心情才有所好转。分析一番自己的思想和感情后，发现内心确实存在想去找宋陶然的冲动，并不是表面上向她请教问题那么单纯，不觉叹了口气，自言自语道："感情真是复杂的东西，有时连自己也弄不清楚。"

他很喜欢柯灵灵的温柔体贴和对自己的一往情深，但宋陶然的泼辣大胆和直爽性格，又与自己十分相近，颇有相见恨晚之意。讲到她们的美丽，柯灵灵是典型的窈窕淑女，宋陶然则是娇艳如桃花的成熟女性。马小喜想来想去，不知如何摆脱这种感情上的三角纠葛，只能顺其自然吧。

他也知道这是一种逃避责任的想法，但到哪里去找更高明的办法呢？还是集中精力写论文吧。

柯灵灵由于之前经历过一段痛苦的感情折磨，所以对感情特别敏感。苦闷中，她找到刘夫人，向这位大姐倾诉一番。刘夫人在枕边向刘阳做了转述，并敦促他出面解决。刘阳一口回绝道："这种事我怎么好介入？！只能靠他们自己去解决。"

宋陶然与马小喜邂逅相逢纯属偶然，开始并无非分之想，但在几次接触和研讨谈话中，发现马小喜的性格与自己相近，而且既聪明又肯学，为人豪爽又不失诙谐，不由对他产生了好感。再者，宋陶然也老大不小了，虽谈过几次恋爱，但因志不同道不合、性格和兴趣均不相投，终以分手告吹。从柯灵灵当天的醋意中，她深感柯灵灵对马小喜的感情已十分深厚。何去何从，面临选择。

刘阳冷眼旁观，只见一个埋头写论文，企图逃避感情纠纷；另一个整日郁闷不乐，心事重重；还有一个虽然多日不闻消息，估计可能心中犹豫，举棋不定。他将这些情况告诉了妻子，并建议说：

"我无法出面，但又不能听任他们这样僵持下去。这种事，女同志较易做工作，有劳夫人辛苦一番，务求化解这场纠纷。"

刘夫人当然愿意帮忙，但不知如何下手。

刘阳分析说："三个人中，较薄弱的一环是宋陶然，因为她的介入为时尚短，在感情上，对小马可能仅处于有好感的阶段，还谈不上难以割舍的爱情，不如你私下找她，给她讲讲小柯的生活受挫经历，说不定她会感动而自愿退出。"

"你是不是估计得太容易了？"

"据我观察，小宋是个豪爽的人，她比较容易接受你的劝告。"

刘夫人答应试试。两人计议已定，分头行事。

周末，宋陶然便接到刘阳的电话，提到他的妻子最近心情烦闷，想利用周末找个伴去外地旅游，但因自己工作繁忙无法分身，本想找小柯陪着去，但小柯生病了，如果她有空，希望能陪他妻子去散散心。宋陶然听后感到有些突然，但她的敏感使她很快猜到刘夫人是要跟她谈与马小喜的关系问题。反感立即涌上心头，私人感情问题，何劳旁人过问！但又一想，自己六神不定，尚没有明确的打算，听听别人的意见也无妨，因此提议不到外地旅游，只去仿真大观园玩一天散散心。

第二天上午9点半，刘夫人与宋陶然碰面后，相互寒暄一阵。

"这里看上去景色不错，可惜都是人造的假树和假花草。我多想到真正的大草原，或者到一望无际的大海上，去开阔眼界，尽情欣赏真正的大自然风光啊。"

宋陶然想了一下，说："我对工业仿真馆比较熟悉，那里有一套船舶操纵模拟器，可以畅游江河湖海，只是不知今天安排的是什么节目？"

当她们走进工业仿真馆，答案已经写在布告栏里：今天在交通运输分馆船舶操纵模拟器上展出三峡的过去和未来，想畅游长江三峡的客人，欢迎光临。购票后，她们走进一间很大的暗室，由射灯照明落脚处，一条小船停在水中。经跳板登船进入舱室，见船舱内可容30位客人，舱顶吊着一盏摇摇晃晃的风灯，显得十分昏暗。从前方窗外看到本船翘起的木船艏、木甲板和木制系缆柱等。一阵铜锣声，伴随着"开船喽"的呼叫声传来，前方和两侧窗外显出一派江上行船的风景，不远的岸上，一串纤夫躬身艰难地拉船前进。船头浪涌，水花四溅，船身摇摆不定。只听风声、浪声和纤夫们的吆喝声，不绝于耳。穿过西陵峡，峡中两岸石峰壁立，"山穷水尽疑无路"，间或听闻两岸猿声啼不住。

　　进入巫峡不久，看到神女峰顶，衣裙飘飘的神女，在云雾环绕中，时隐时现。进入瞿塘峡口，滟滪堆巨石迎面扑来，乱石阻水，惊涛拍岸，声势使人心惊肉跳。她们充分领略了古代三峡行

木船与古代三峡视景

船的惊险和使人心旷神怡的风光。穿过三峡，江流变缓，眼界开阔起来，窗外天光也逐步暗下来，古代川江之游结束。

当窗外再度明亮时，不仅两岸风景已变，船头也呈现出钢铁的甲板和船舷，一根钢制前桅竖在船头，系缆铁柱分列两旁，起锚机横置甲板前端。原来，船艏部的图像是由一台幻灯机通过彩色胶片投射出来的，所以，换一种船型只需转过另一片胶片。现在小舟转换为游艇，一声汽笛长鸣，游艇启航。舱内灯光布置也发生变化，顶上亮起现代化的日光灯板，使舱内明亮了许多。

游艇及三峡视景

一垛矗立的大坝横断江面，隐约可以看到坝顶上的水电站建筑及吊车等。坝根处水轮机出口白浪翻滚，浪上散布着一层层水雾。游艇靠右行驶，一座巨大无比的铁闸门已经打开，让游艇进入船闸。在船闸通道里，已有两艘船舶停留。不一会儿，船后铁闸门关闭，通道内水位渐渐上涨，游艇也随之升高。直至水位与上游水位相等时，船头前面的闸门打开，游艇按顺序开出船闸，进入大坝后的川江流域。游艇上的人，对三峡水电站堪称世界第一的宏伟工程，直看得目瞪口呆。"神女应无恙，高峡出平湖"。三峡的面貌大变，江面开阔了许多。

因正处于洪水季节，好像两岸的山峰也变矮了。

三峡航行前后共历半个小时，刘夫人赞叹道：

"这种虚拟旅游，三峡风光尽收眼底，而且还考察了它的古今变迁对比，费时不多，价格便宜，每人不过 50 元，堪称仿真技术在旅游业中大放异彩之作。我不明白的一点是，真实的水流和浪花是怎么形成的？"

宋陶然答道："水是 50 厘米深薄薄的一层，由一个水泵循环供水，加上一些特技处理，模拟出水流、波浪、溅水等形成。舟船的摇摆，则是由一种电动液压推杆设备，构成三自由度机构，支持着模拟舟艇，产生摇摆和起伏。这些技术并不复杂。"接着，她又提议：

"工业仿真馆是对外开放的，只要不使用设备，任何人均不用付钱，即可参观，我们要不要随意走走？"

刘夫人虽有好奇之心，但她有"任务"在身，颇怀"鬼胎"之感，只因一时找不到机会开口，便同意就近走一走，看一看。

她们首先参观交通仿真分馆中的其他部分。来到民航飞行仿真厅，首先映入眼帘的是大厅中心的一台大型客机飞行模拟器，一间小房子样的舱室，由六根液压缸组成的平台支持着，像一个六条腿的机器怪物。在它的旁边是一台三个液压缸支持的类似设备，标有"运七飞机模拟器"字样。其他还有几台小型飞机的模拟器和一台直升机模拟器。大厅一侧有几个门，门上的铜牌分别写有：航空港调度模拟器室、航空港管理模拟器室、迫降逃生模拟器室等。她们进入调度模拟器室，见是一座圆形的控制室，窗外是机场的俯视地景，跑道和停机坪历历在目，正有飞机在起降。室内安装有多台圆形雷达显示器，每台前都有人专心致志地在操作，并通过弯于嘴边的头戴话筒，对空域飞机发出呼叫和命令，气氛显得十分紧张。

来到陆上交通仿真厅，看到整个大厅被隔墙分割成几个区，每个区入口处横幅上标明分区内容，如汽车仿真器、集装箱车仿真器、铁路机车仿真器、地铁动车仿真器、轻轨电车仿真器以及城市交通管制仿真中心等。还有一个挂牌为磁悬浮列车仿真器的门被封闭，上贴一张纸条：正在建设中，谢绝参观。

刘夫人知道马小喜的硕士论文是虚拟汽车模拟器，因此建议首先进入汽车仿真器分区。区内设有几台汽车模拟器，上有汽车驾驶椅和真实的方向盘、换挡机构、油门、离合器、刹车踏板、

汽车模拟器

手刹等操作设备，以及汽车仪表。一位姑娘戴着视频眼镜，正在其上练习驾驶技术。另一台模拟器有真实完整的驾驶室，前窗外为一个宽大的幕墙，由一台投影机映出街道动态图像，也正在使用中。奇怪的是几位交通警察站在旁边，正指手画脚地热烈讨论。询问管理人员才得知，他们正在利用模拟器，分析一场两车相撞的交通事故。图像连续地显示出出事地点的道路状况和本车与被撞车碰撞的复演情景。刘夫人惊奇地说："原来汽车模拟器还有这项用途。"

工作人员解释道："本市汽车交通事故每年数百起，对其中重大的碰撞和伤亡事故，交警常常到此进行仿真检验，以查明真实情况和分析事故原因。模拟器在这方面可谓立下了汗马功劳。"

刘夫人问道："听说马小喜的论文题目也是汽车模拟器方面的，他来这里看过么？"

"据他说来过。"

"对这些已有设备，他评价如何？"

"这人骄傲得很，不太看得起它们。"

"小马知不足而思进取，不一定是骄傲，但他锋芒过露，却是个缺点。"

宋陶然笑笑未答话。

在铁路机车仿真器区，她们看到一台真实的机车驾驶室，前窗外也是一块大尺寸的投影幕墙，幕上图像显示出火车进站时的情景。显然，这台模拟器也正在使用中。它的旁边是一套开放式的火车司机培训仿真系统，由一把司机座椅、一套机车操作设备和一块投影屏幕构成。有位年轻的司机，恰好操作结束，离开座椅。宋陶然向他笑问："感觉如何？"

开放式火车模拟系统

"这套系统性能很好，使用方便，价格也便宜，很适合培训新司机之用。"

宋陶然继续问："这套系统有没有动感？"

年轻司机手指座椅道："这是个司机三自由度动感座椅，它能在机车起动和刹车时产生前后加速度，在弯道行车时产生小角度倾斜，并能随车速变化，产生相应频率的振动。你们看墙上挂着的示意图，即可明白它的原理了。"

离开陆上交通仿真馆，两人来到能源仿真分馆。

宋陶然介绍说："这是我的工作领域，大姐要不要游览一下？"

"我是外行，看也看不出名堂，以后有机会再参观吧。"

"那我们出去散散步，找地方休息一下。"

"不如去餐厅喝杯热茶，也快到吃午饭的时间了。"

　　在虚拟旋转餐厅，两人要了一壶龙井茶，几种干果，浅斟慢饮，品起茗来。刘夫人未来过这里，两眼注视着窗外，对缓缓转动的某大都市街景很惊奇，赞不绝口，内心又忐忑不安，不知如何与宋陶然开口谈马小喜和柯灵灵之事。宋陶然心知肚明，但却默默无言，静候对方先打开话匣子，双方一时显得有些僵持不下。

　　最后，刘夫人思来想去，觉得不如直接切入话题，以免尴尬局面延长。于是，她直接向宋陶然问道："你最近见到马小喜了么？"

　　宋陶然心中暗笑，"这次所谓散心的主话题，终于开场了。"她故作不懂其用意，轻描淡写地说："没有见到他。"

　　"你对小马的女朋友柯小姐印象如何？"

　　"仅仅见过一两面，谈不上什么印象。"

　　刘夫人碰了一个软钉子，思忖了一会儿，说："小柯是我和刘阳大学时的同学，她过去活得很苦。"

　　"怎么？她过去经济上有困难吗？"

　　"经济上拮据一时，尚不是大问题，我是说她感情上经历过挫折，内心很苦。你我都是女人，我们的思想深处应该是相通的。我想介绍一下她的经历。"

　　"虽然这和我没有什么关系，但我也愿闻其详。"

　　于是，刘夫人将柯灵灵的往事详述了一番，并附带叙述了她与马小喜相识的经过和俩人感情的发展。宋陶然听到小柯的前男友追逐富贵，弃她如敝屣，加上其父亲不幸病逝，小柯都默默承受下来，还加倍努力地学习和工作，不禁动容：

　　"大姐，你的心意我明白，正如你所说，我们都是女人，我也怀有深厚的同情心。小柯过去的经历，摆在任何女人身上，都是十分痛苦的事。我和马小喜相识不久，仅只对他有些好感，还谈不上建立感情的问题。你放心，我不会自私地去破坏别人的生活。我本人生性直爽活泼，能迅速与别人混得很熟，又喜欢开玩笑。马小喜这个人，自命风流倜傥，不拘小节。我们接触中，不免使小柯和你们产生了误会，我会设法消除这个误会的。"

"小柯这个人，有着打落牙齿和血吞的性格，自己宁可吃苦，绝不怨恨别人，她的经历已说明了这一点，确实值得同情。你这么坦率地表明态度，我对你不但佩服，而且很喜欢你的性格，让我们大家成为好朋友吧！"

"谢谢大姐夸奖，我们都是有较高素质的人，在一起也谈得来。能成为好朋友，也是我的心愿。现在我们点菜吃饭吧。"

饭后，宋陶然笑问："大姐，你还有没有继续参观的兴致？上午你提出要看大海，以舒胸怀。刚才一席谈话，我想心怀自然已舒畅了，但仍不妨去看一下大海。"

"此处何来大海？"

"我们去军事仿真馆，随航空母舰出海参加作战，如何？"

刘夫人觉得这个主意不错。两人漫步走向海军仿真分馆。进入分馆，值班的是一位海军上士，他介绍说：

"今天是假日，本馆全面开放，不知二位要去哪里参观？"

宋陶然回答说："随便走走，自己选择吧！"

她们沿途看到海军仿真分馆划分为潜艇作战、反潜作战、快艇作战、驱逐舰作战和航母作战仿真厅，还有一个海军战术仿真厅。

进入航母作战仿真厅，顺着两层舷梯上到舰桥。在驾驶舱内看见后面靠隔墙处已有不少游客或站或坐。舱前和左右侧，开有一排舷窗。望向右侧窗外，可以看到军港岸上的情形，远处朦胧的青山和山下城市的轮廓为背景，衬托出近处码头上的起重机、泵房、临时拉起的电缆及输水和输油管道等设施。几辆满载物资的卡车，停在靠近航母的舷边。头戴安全帽的工人和水兵们，忙碌地从车上卸下各种武器弹药和食品箱等。前窗外是航母的前甲板，大口径主炮、粗壮的面对面导弹发射架、对空导弹支架和分立两旁的火箭式深水炸弹发射器等，近在眼前，令人生畏。左窗外侧是从舰尾至舰首延伸的飞机跑道，舷外是一片碧波和稍远处长长的防波堤。

航母出海作战

舱内，舰长坐在类似酒吧间的高脚凳上，操舵器、车钟及雷达显示器前，站着水兵和军官。突然，一阵警报响起，从扬声器中传来命令："准备离码头出航！"舰长陆续下令："解缆，两车进一""左满舵"。人们感觉不到航母在运动，但从窗外视景的变化中，可以看到舰体正在缓慢地离开码头。随着舰长后续一连串"正舵""双车进二""进三""航向270""把定"等命令，航母安静平稳地驶过防波堤出入口，向外海驶去。晴空万里，碧波千顷，阳光照射在海面浪花上，满海金蛇乱舞。

刘夫人对宋陶然说："置身于广阔无垠的大海，真令人心旷神怡啊。"

"你不是要看大海吗，对这种模拟的海上情景是否满意？"

"好极了！不知怎么形成的？"

"它是实拍加多媒体制作，技术并不难。主要是显示方式，采用了与虚拟餐厅同样的无限广角虚像系统，获得了较好的景深。"

说话间，前方出现我巡洋舰和四艘驱逐舰雄姿。

舰长令："回车进三！"

航母快速驶进我方舰队，形成前方为巡洋舰、左右两侧各有两艘驱逐舰的混合编队态势。

舰长令："通报各舰，编队完成。航向220，航速30节，目标××湾。一级战备，保持队形前进！"

乘航空母舰出海有新鲜感，但茫茫海上，水天一线，未免略显单调。在众人稍感无趣之时，突然从扬声器中传出："左舰40°雷达发现机群，高度1万米，距离50海里。正前方发现舰船4艘，距离40链。"

舰长发令："战斗警报！"警报声立即响起。

舰长随即下令："指挥所转至预备战位！"

驾驶舱官兵迅速撤离，只剩下游客，大家怀着紧张的心情目视窗外。

"歼击机一、二梯队起飞迎战！对空导弹备战！"

片刻后，第一架飞机呼啸着沿飞行甲板被蒸汽弹射器高速弹射滑出舰首，机头昂起直插晴空。轰鸣声不断，一架架飞机陆续起飞。

从前窗和左窗看到远处敌我双方飞机在激烈空战。敌机群由六架歼击机和两架轰炸机组成。一架轰炸机向我左方护航驱逐舰发射空舰导弹，该舰被命中爆炸起火；另一架轰炸机飞临航母上空，航母前甲板的对空导弹连续发射，将其击中，爆炸声传来，该机拖着浓烟坠入海洋。

远空双方的歼击机正相互快速追逐，捉对厮杀，只是距离过远，听不到声音，但可看清它们的动作和发射空空导弹或开炮时的闪光。一时双方飞机各有两架被对方击中，其中一架在空中即被炸成碎片，另外三架落入大海。

敌方剩下的一架轰炸机，迅速降低高度，用肉眼看去，它几乎是贴着水面扑向航母。舰上的密集阵多管火炮迎面拦击，但它突然爬高，一串炸弹投向航母。扬声器传来命令声："双车进四，左满舵！"舰母向左方转向规避，但终因舰体过大，轰然一声，一颗炸弹落于航母右舷，舰体震动，碎片横飞。从右窗可以看到随风吹来的浓烟和熊熊火光。就在敌机投弹时，对空导弹向其发射，并将其击中，只见它拖着烟火，轰鸣着低空横过前甲板，落海时发生爆炸，激起冲天的水柱。"灭火队出动！"水兵们紧张而又匆忙地使用灭火器和水龙头，奔向右舷实施灭火。远空中的空战似已结束，双方未被击落的飞机各自返航。很快，我方歼击机开始着舰，一架接一架自舰尾降落，轰鸣着滑过飞行甲板被拦机索拦停。最后一架受伤的飞机，歪斜着机身，勉强飞落甲板。几名救护人员拿着救生器材，向受伤的飞机匆忙奔去。

扬声器传出信息："敌驱逐舰一艘突破我编队防线，又发现在敌舰掩护下，两艘潜艇已偷随敌舰之下进袭。"

紧接着传出"右舷25°，两发巡航导弹飞来"的消息，以及舰长果断的命令声："发射干扰条！密集阵炮火全力迎击！"舰首偏低空突然挂满银白色铝条，同时响起多管连射火炮混成一片的炮声。眼看一枚超低空巡航导弹在干扰下摇摆不定，飞出视景以外，另一枚被拦截炮火击中，轰然一声在空中炸成一团火球。

航母的声呐早已开机，驾驶室的显示器处，响起超声波发射和回波脉冲的"嘀嗒"声。间隔时间逐渐减短。扬声器传来舰长命令："目标右舷35°，距离20链，火箭深弹准备发射！"一时间，多管火箭深弹拖着喷射红火的尾巴，一组组成群射出，右方海面顿时升起深弹水下爆炸时激起的一片水柱。扬声器急促地报告："右舷四条鱼雷扇形袭来。"以及舰长的命令声"右满舵！"其中一条鱼雷命中右舷，爆炸声震响，十分惊人。"一艘潜艇回音消失，另一艘自我舰下穿过。"舰长命令："后甲板深弹投放！"

此时，航母舰体仍向右转向，只听舰尾处传来一组组闷雷似的声响。大家猜想是滚桶式深弹在不断落海爆炸的声音。声呐显示器发射与回波间隔不断加大，舰长令："停止深弹攻击！"

显然，敌潜艇已落荒而逃。

从扬声器传来舰上损害管制指挥所报告："右舷18~21号隔舱进水，水量400吨。舰体右倾斜5°。"

舰长令："向左舷注水，保持舰体平衡。救护人员检查伤亡情况，抢救受伤人员。"

一场海战暂时平静下来，远方一艘敌驱逐舰拖着浓烟，在其他舰只的掩护下，想尽快逃逸。航母舰长通知我方各护航舰：

"整顿编队队形，转向返航。解除战斗警报，恢复一级战备。"

驾驶舱中原来的官兵又从预备指挥所转移回来。观众中的刘夫人和宋陶然，也不禁松了一口气。

刘夫人问宋陶然："开战时，驾驶舱的官兵为什么都转移到预备指挥所？是不是怕死？"

一位军官听到后，回头笑答道："现代海战早已不是电影'甲午风云'中的情景了，舰长用不着拿着指挥刀在舰桥上发令。预备指挥所在下层甲板，紧靠自动化情报指挥中心。该中心设有所有传感器，包括各种对海/对空雷达、相控阵雷达、武器制导雷达、声呐及数据链等。还装设了航母上所有武器的操作站，有大屏幕的战场态势显示，可以清楚地看到敌我双方海、空和水下各种目标的运动变化，包括它们的坐标、高度和深度。比起直接用眼观察战场，更为全面。特别是现代武器发射距离已超过视距，舰桥上反而不便指挥。预备指挥所装设有完整的操舰设备，与在驾驶舱中操作区别不大。当然，预备指挥所在主甲板以下，防护较好，这也是一个原因。但这和怕不怕死恐怕沾不上边。"

舰长下令："准备进港，实施靠码头部署。"

舷窗外已显现出港口、防波堤及港口内码头和岸上的视景。

那位军官继续解说："这次海战模拟是表演和娱乐性的，目的在于给大家增添一些现代海战的知识，进行一次国防教育。真正的海战将比这次要复杂得多。演习结束，谢谢大家光临。"

　　大家热烈鼓掌。

　　离开现场后，刘夫人向宋陶然表示感谢，并握着她的手说："认识你非常高兴，欢迎到我家作客。"

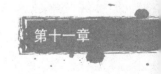
宋陶然偷词释疑表心声
柯灵灵答诗弃嫌结新友

　　夏日将尽的一个雨天，柯灵灵傍晚下班回家，晚饭后随手打开了电脑，浏览电子信箱，发现有一封给自己的邮件。信的内容如下：

致柯灵灵小姐及马小喜先生：
　　偷得放翁词句，《草成咏桃树（卜算子）》一首。
　　　　园外旧宅边，寂寞开无主。
　　　　韶华已逝独自愁，深惧风和雨。
　　　　无意邀君宠，欲护多情侣。
　　　　待到花落结桃实，愿闻遥祝语。

　　　　　　　　　　　　　　　　　　　宋陶然上

　　自从刘夫人向柯灵灵详述会见宋陶然的经过和谈话内容后，柯灵灵的烦躁心情逐渐平复下来，她与马小喜的关系渐趋好转。当她看到这首《卜算子》后，心头不免升起几分惆怅，对宋陶然的处境及其豁达的性格，也产生了一些同情和敬意。她给马小喜打电话：

"我这里有件东西给你看，如果今晚你有空，来我家一趟，好吗？最好将大师兄和大姐也请来。"

"什么东西要惊动这么多人去看？你别卖关子了，干脆告诉我，也好有理由麻烦大姐他们。"

"是你的新女友寄来了一首《卜算子》。我想你听到后，一定会急于赶来吧！"

"怎么电话里还在冒酸气？你难道不知我不是个朝三暮四、见异思迁的人吗！"

"谁知道你内心是怎么想的？"柯灵灵随即挂断了电话。

马小喜先行赶到柯家，急忙要过宋陶然的电子邮件，看过后似在反复吟咏，默默不语。

刘阳夫妇稍晚才到，向柯母问安后，抱歉地说："儿子睡后才来，迟到莫怪。"说罢，看了那首咏桃树词。刘夫人赞叹说：

"想不到搞工业仿真技术的人，竟还有几分文学才气，难得呀！"

刘阳说道："宋陶然果然不错，在目前许多人只为个人着想的当今社会，毅然割舍自己的感情，成全别人，难得呀！"

刘夫人接着说："我一直称赞小宋的为人，看到她寂寞无主，同情之心油然而起。我想应该把她作为好朋友对待，想法子帮助她解开寂寥和无奈，也算是为科技界添一段佳话。"

柯灵灵急道："人家好心来信，表明心意，我们总要回信啊。马兄，这可是你这男子汉当仁不让的义务。"

刘阳哈哈一笑："这首词是寄给你们两位的，并且小柯排名在前。小师妹在咱们同班同学中，素有'才女'之称，不如由你答诗一首，以表达对她崇高品格的赞赏和与她交友的愿望。"

马小喜站起来对柯灵灵一揖到地："有劳小姐大驾，代表我们回信。我是个粗汉，文学上更是外行，不敢献丑。"

柯灵灵白了他一眼："你惹的祸，伤了别人的心，却要我来收场，未免不合情理吧！"

刘夫人说："小马是无心之过。男人就是这副德性，所谓窈窕淑女，君子好逑么。我看小马也不是见异思迁那种人，小柯何必计较那么多。还是你来大笔一挥吧。"

柯灵灵不好再推托，拿出纸笔略一思索，也合成了一首《卜算子》词，修改几字后，交给刘阳。刘阳赞道：

"也难为你了。虽然算不上好诗词，但已把我们的心意写出来了。"随即念道：

呈陶然姐妆次：

　　不省诗词，胡乱凑成《咏桃花（卜算子）》一首。

　　　　雨洗铅华尽，风吹添娇娆。

　　　　引得君子驻足赏，应可慰寂寥。

　　　　腮边含涕笑，艳色掩清高。

　　　　何须花落结蒂时，作伴共逍遥。

柯灵灵上

马小喜听后喜道："真不愧'才女'之称。"

"谁又要你拍马屁。这种仿古填词，现代很少有人再弄，我不过东施效颦，聊表情意罢了。"

马小喜打开电脑，将信发至宋陶然电子邮箱。刘夫人乘机建议道：

"我想周末，请小宋和你们一起到我家去聚一聚，大家也好进一步熟悉。"

刘阳道："这个建议很好，我也正想向她请教一些工业领域方面的仿真技术问题呢。"

几人均表同意，柯灵灵叮嘱马小喜："再见到小宋时，要表现得好一点，无论怎么说，你总是辜负了她。"

马小喜嬉笑道："娘子放心，只要你不再掀起醋海风波，我一定会在你们之间很好地周旋，令大家都满意。"

柯灵灵笑着打了他一下，刘阳夫妇满怀欣喜地告辞回家。

谁也没料到，周末，刘夫人对宋陶然的邀请，竟被她以工作忙为借口，婉言谢绝。刘阳分析此中缘由：刚刚经过一场诗词互通心曲，小宋再豁达大度，毕竟是个女性，总有几分矜持。因此，提出换一种方式，由马小喜出面，以刘阳等人希望向她请教工业仿真技术问题为由约见她。刘阳嘱咐马小喜这不是要手段，而是确有需要，必须完成这项任务。

事情终于有了结果，经马小喜与宋陶然周旋，终定于周六下午2点在仿真大观园工业仿真馆前会面。

马小喜、刘阳准时来到工业仿真馆。他们先到能源仿真分馆。宋陶然介绍说：

"这是我的专业范围，我们先从这里看起。"

在她的引导下，大家进入燃煤火力发电厂仿真机厅。厅内左右两边，各有一套火电厂发电机组仿真设备，左墙下放置着一排装有检测议表、开关、报警器、指示灯、锅炉炉膛显示器及汽包水位表等的立式台盘。台盘前设有八台操作员站，站上设有彩色显示器。一群大学生模样的人，正在操作员站和立式台盘前忙碌操作着。宋陶然解说道：

"电站仿真系统，我国电力部门称之为仿真机。这套仿真机，使用的立式台盘和操作员站，都是真实设备，与被仿真的电厂设备完全相同。它们被计算机中已装入的锅炉、汽轮机、发电机和各种附属装置的仿真数学模型软件所激活。因此，国外称之为激活型（Stimulation）仿真机。由于采用真实的操作设备，因此，它的逼真度特别高。"

火力发电厂仿真机

她指着右侧墙下的一套没有台盘的仿真机，接着说：

"这是一套采用虚拟台盘的仿真系统。立式台盘等硬设备，已被投影机在白板上投影出的虚拟仪表、开关等画面所取代。有趣的是，这种虚拟台盘，仍然可以用触摸方式进行操作。显然其造价较低，效果也不错。因为人在虚拟台盘上的触摸操作的能动性，不可能忘记在硬台盘上搬动开关或按下按钮等的真实操作。"

刘阳指着大厅中间的两套弧形桌，桌上有一台或两台微机，说："这大概就是教员工作站了吧。"

宋陶然答道："是的，每套系统由一台教员工作站管理，也可再设一台工程师站，用于调整模型和修改参数等。"

马小喜问："电站仿真机只是为了培训操作人员学会操作之用吗？"

"现代化的发电站，自动化程度虽然很高，但由于设备众多，从锅炉点火至满负荷发电的过程仍然很复杂。培养新手上岗操作，当然是仿真机的一项重要功能。但更重要的是可由仿真机的教员工作站设置故障，通常各类故障数可达300多个。哪怕正常运行时能够熟练操作的人员，在各种故障面前，也可能会惊惶失措，进行错误操作，结果使故障扩大或引发新的故障，甚至使控制系统崩溃，造成严重停电事故。所以，培训操作员正确处理各种故障，提高操作员的素质，是仿真机最重要的功能。"

马小喜觉得，电站仿真机与火力发电仿真机差不多，也是由立式台盘、操作员站等多项设备构成的复杂系统，它几乎占据了整座厅房的空间。

马小喜问："核电站与火电站有什么不同？"

"核电站没有锅炉等一套燃烧煤粉的装置，使用核反应堆原子核分裂产生的热能，将一次循环水加热；后者再经热交换器将水转换为饱和蒸汽，由饱和蒸汽推动汽轮机带动发电机发电。但是，燃煤火电站锅炉汽包产生的蒸汽，又重新通过再热器管道，在炉膛内再加热，使饱和蒸汽成为过热蒸汽，携带的热能更高，汽轮机的体积小，热效率也较高。核反应堆却无法产生过热蒸汽。"

马小喜又问："普通人对核反应堆都有一种神秘感，它的仿真数学模型是否更复杂？建立更困难一些？"

"反应堆数学模型较复杂，但建立并不见得更难。核反应堆是先有了数学模型，然后再建成，是近代物理学的一大成就。而燃料，比如煤、油或木材等的燃烧，却是古代人就使用的加热方法，可是燃烧本身所包含的物理化学过程，却至今没有获得精确的数学模型，甚至对燃烧本身的机制，也未必搞得很清楚。你看这情况怪不怪。"

正说着，从一扇侧门中，跑出十来个青少年学生。

刘阳诧异地问："中学生来这里做什么？"

宋陶然淡然一笑，说："我忘了告诉你们，请跟我来。"

三人走进那扇侧门，发现室内桌上摆放了几台微机。

宋陶然说："这间房里放置了几台原理型核反应堆的简易操作模拟器，对中学生实施科学普及教育活动。"说着，她打开了一台微机，在显示器上出现了反应堆、蒸汽发生器、汽轮机和发电机的系统原理结构图。宋陶然继续介绍说：

"它仅用了20几个数学公式，组成比较粗糙的仿真数学模型，但能够进行原理性的演示，并具有一定的操作功能，如启堆、操纵控制捧升/降、调节给水量、变化蒸汽调节阀、停堆等。系统能做到实时动作和放慢变化过程，能显示功率、压力、温度和流量等变化的曲线，很受大多数中学生和老师们的欢迎。开放使用后，附近的中学均组织师生前来学习和实验。类似的燃煤火力发电厂和水电站的科普教学模拟器也已相继建成，并投入使用。在石油化工仿真分馆中，也有这类模拟器呢。"

刘阳感叹地说："这类科普设施说明，仿真技术在普及科学技术中应用的重要性，本应在科技博物馆中设置，想不到却在仿真大观园中首先出现。"

宋陶然说："科技博物馆全靠政府投资，而仿真大观园的这种科普性模拟器，却是由某仿真公司提供设备，采用低价收取使用费的方法，逐步收回投资。说到根本还是钱的问题。"

马小喜补充说："显然也还有政府人员对科普教育认识不够的问题。想想我国教育经费至今尚严重不足，更不用说大量投资于科普教育了。"

他们一路行来，途经水电站仿真分馆。

宋陶然简单介绍说："比起核电站和火电站来，水电站相对简单一些，它的仿真也容易一些。"

在石油冶炼仿真馆和化学工业仿真馆门前，马小喜提出了一个问题："石化生产过程中，一定会涉及许多化学反应，它们的数学模型是否有特殊性？"

宋陶然答道："石油冶炼，主要还是物理过程。化工过程虽有化学反应问题，但却属于化工过程的动力学范围，无非是压力、温度、流量、真空度的变化及控制过程和添加剂的操作过程，以及自动控制系统的运行等。虽然有些特殊设备，如蒸馏塔、反应釜等，使用过程仿真支撑软件，解决起来没有太多的困难。当然，也必须具备本专业的丰富知识，才能建立其仿真系统。"

在工业仿真馆中，还有钢铁工业仿真分馆。

刘阳问："难道炼钢生产过程也采用了仿真技术吗？"

宋陶然答道："据我所知，钢铁工业分馆内有三项内容。第一部分是连续铸钢生产调度过程仿真。因为在连续铸造中，钢水保持温度是关系到质量的大问题，而钢水要通过脱氧处理和运输等环节，多台转炉，多条生产线，使现场调度变得复杂化。这套仿真系统可以培训调度员和研究调度方法，其中包括炼钢吹氧转炉。第二部分是热轧生产过程仿真，包括型材和板材。第三部分是冷轧生产过程仿真，主要是薄板轧制。这些生产过程现在都已经现代化了，主要表现为都采用计算机控制系统，操作员们也已经集中于操作室，在操作站上控制生产过程的运行，与电站的运行条件类似。不同的一点是，电站的集中控制室，与机组是完全隔离的，这里，通过控制窗口，可以监视生产过程的全线运行。因此，它们的仿真系统，要增加一套显示生产线的视景设备。而且由于生产线十分庞大，视景的屏幕也十分宽大，有些生产线是分段控制的，例如热轧车间就是如此。仿真系统也应分段建立。但钢铁仿真分馆中，为节省占地，热轧生产线的仿真，只搞了一个分段的模拟控制室。"

刘阳说："小宋，你的知识面真够宽呀！看来仿真技术在工业中可谓大显身手。"

"我只了解一些皮毛，算不了什么。搞工业仿真技术，当然必须有专业人员直接参与，但仿真工作者，也必须了解一定的专业知识，否则双方没有共同语言，怎么能结合起来取得成果呢！"

马小喜说："这仅是问题的一个方面，如果有特别出色的仿真支撑平台，各个领域的专业人员都可以方便地用以开发本专业的仿真系统，岂不更好吗？"

刘阳笑着说："那时仿真技术人员都将失业喽！"

马小喜接着说："科技发展的历史早已说明，先进技术总是先由少数人开拓，逐步推而广之，被多数人掌握，再进一步获得普及。这是一件好事呀！例如计算机出现时，只有少数专家会用，但现在几乎无处不在，连小学生也能熟练使用，这是规律。但愿先进的仿真技术也能很快地普及起来，渗透到各个领域，促进各专业领域的技术和生产大跃进。"接着又补充说："记得大诗人杜甫在《茅屋为秋风所破歌》中有'安得广厦千万间，大庇天下寒士俱欢颜，吾庐独破受冻死亦足'！"

宋陶然撇撇嘴，道："不伦不类，不古不今，不三不四，不明不白。可谓之'八不之言'。"

刘阳大笑。

"工业仿真馆中，还有一个煤矿仿真分馆，刘先生有没有兴趣参观？"宋陶然问。

刘阳应道："能否请你先做个简单介绍？"

"我不懂煤矿生产过程，但有个熟人在这个分馆工作，可以进去请他来介绍一下。"

大厅中整面墙设置成超大型彩色背投显示幕，幕墙前一排联网计算机作为工作站，显示器上标有地质资料、掘进工作面、回采工作面、井下运输系统、通风系统、辅助系统等。超大幕墙上显示出整座矿井的动画式生产过程系统图像。以各种颜色的标识符和线条，表示出运输系统、通风系统、煤矸流、矸石流、电力系统以及人员运输系统等。刘阳他们不具备煤矿生产知识，看得眼花缭乱，仍不明所以。宋陶然找到熟人，进入旁侧的小会议室，由他做介绍：

"煤矿矿井生产过程具有复杂的流程，生产环节多，多种工质并行流动，且相互影响，我就不一一详细介绍了。现在的这套仿真系统是按军队作战仿真系统的模式建立的。战争仿真系统主要用于培训指挥人员驾驭战争的能力，同样，煤矿仿真系统主要是用于培训生产管理指挥人员的决策和调度能力。两者可以相互比拟：战场—矿井；作战前沿—掘进工作面和回采面；战果—煤的产量；武器—掘进及采煤设备；弹药—支撑材料等；情报—地质资料；目标—煤层；指挥员—生产调度人员及矿井领导；敌方袭击—灾害及事故；后勤保障—物流及人员运输、通风和电力供应等。当然，矿井采煤生产较之瞬息万变的战争要简单得多。但我们还是选用了过程仿真支撑软件（战争版）将系统建立起来。它已在人员培训、灾害／事故处理以及现场调度方案最优化等方面发挥了重要作用。一个年产 1000 万吨煤的矿井，只要提高1% 的生产效率，即可多创收 1000 余万元，而系统的投资不超过150 万元。"

马小喜听后评价说："应用仿真技术取得的经济效益不错。"

刘阳补充说："不仅增产的价值，在如何正确防止和处理事故方面，挽回的损失恐怕远远超过增产价值。"

宋陶然总结说："在其他工业行业中使用仿真技术，其效果也与此类似。因此，在工业领域，仿真技术获得了较大的发展。"

再三致谢后，他们离开了工业仿真馆。

相邻的是建筑工程仿真馆。

宋陶然说："这里我也没有来过，只是听说其中有个地震模拟厅很有意思，我们去看看吧。"

建筑工程仿真馆门厅内，指路牌标明，由左至右排列为水泥生产线仿真系统、玻璃生产线仿真系统、楼宇和桥梁结构动力学仿真系统、建筑机械仿真器分馆、室内虚拟装修展示系统和地震灾害模拟演示大厅。

宋陶然说："水泥和玻璃生产线现在也都采用了计算机分布式控制系统，操作人员集中于控制室，与已看过的发电厂控制方式大同小异，且简单得多。建筑机械仿真馆中无非是塔吊、推土机、挖沟机等模拟器，我看这次暂不参观了。"

马小喜问："楼宇和桥梁结构动力学仿真是怎么回事？"

刘阳说："顾名思义，应该是分析研究建筑结构强度的仿真技术。咱们进去看看。"

推门入内，室内仅设有一个投影幕和几台终端显示器，旁侧门上标有计算机室。一位工作人员迎上前来询问："我能帮您们做些什么？"

"我们想参观，能否请您做些简单介绍？"

工作人员说："本室对外承接有关建筑项目的结构动力学仿真分析，可以模拟各种建筑自身结构的强度状况，在外界扰动下，如风力、地震、结构的变形，直至崩塌的过程仿真等，从而向设计人员提供参考数据。"见来人不置可否，他又说道："各位不是搞建筑设计的吧？"

马小喜说："不是搞建筑的，但想了解一下仿真技术在建筑业的应用情况。打扰您了。"

工作人员笑着说："宣传仿真技术在建筑业的应用，是我们的职责。你们听说过拿破仑的士兵齐步走过一座桥梁，结果桥梁垮掉的故事吧？原因就是士兵整齐步伐的频率，使桥梁产生共振，结果桥梁解体。使用计算机仿真技术，再现这个过程轻而易举。再有听说过我国古代石砌赵州桥的双曲拱结构吧，现在用钢筋水泥建造类似结构的桥梁，用仿真技术分析其本身受力和承重情况，设计起来就很方便。本室还有几套仿真软件，如用于研究地震时建筑结构受力仿真软件包、大型薄壳结构建筑，如体育馆，使用的有限元力学分析软件以及吊索桥梁结构分析软件包等。"

刘阳问道："人为的灾难也可以进行仿真研究吗？譬如2001年在纽约发生的9·11恐怖分子袭击世贸中心，双子大厦被飞机撞毁事件。"

工作人员说："9·11事件发生后，美国人已做过几次仿真分析，但对飞机撞毁在110层大厦上层，却使整座高楼1小时后全部倒塌的原因，有不同的认识。我们也做了仿真试验。你如有兴趣，对其倒塌的全过程，也可以参观一下。"

说着，他打开了投影机，在计算机终端上进行操作。大屏幕上首先显示一段真实的录像，然后是慢放过程。

工作人员说："由于没有世贸大厦建筑的具体结构参数，无法进行直接模拟。但已知撞楼飞机型号为波音767，它的起飞重量187吨，由波士顿至纽约航程耗油后，剩余油量可估算出来。当这架飞机，以亚声速撞入大楼时，大约相当于一颗几十吨的炸弹，在85层处爆炸并燃起大火。它的破坏力相当强大。只要有该楼的结构参数，我们同样可以用仿真技术，分析其受力后直至崩坍的动态过程。"

马小喜道："在战争中，应对与此类似的炸弹袭击和防空洞的设计，不是也可用同样的仿真方法预先获得结果吗？"

"是的，所以建筑工程仿真技术应用，前途是很宽广的。"

购票进入地震灾害模拟演示大厅，与其他游客一起共十余人，站在一个圆形平台上。按扬声器说明提示，每人应紧握身前的不锈钢栏杆。与飞行模拟器类似，平台由6自由度电动冲击缸支撑。平台周围是360°的圆弧大幕墙，由9台投影机映出城市的一个街区，街道、高矮不等的楼宇，稍远处的烟囱，高压线铁塔，附近的树木，电线杆和消防栓等应有尽有，好像站立的平台正处于街区中心的一个小广场上。

地震开始，平台发生一阵微震，视景中有些房舍开始摇摆。

地震前的地震模拟厅

突然，大震袭来，平台剧烈地起伏、横荡、倾侧又扶正，视景中楼倒屋塌，地面开裂，地下黑水涌出，自来水管断裂喷水，烟囱、电线杆和树木等纷纷倒下。伴随着地震特有的啸声，墙倒房塌声和人们求救、惊吓和惨嚎声，不绝于耳。几处燃起熊熊大火，街区在瞬间遭到破坏，一片狼藉，令人惊心动魄。稍停片刻，众人惊魂未定，又有余震发生，一批房舍再次倒塌，城区几乎成为瓦砾堆。

走下平台，大家仍心有余悸，好像亲身经历了一场7级以上的大地震。

走出地震模拟厅，时间已近傍晚，三人都有些疲劳，但刘阳和马小喜却感到眼界大开，内心十分兴奋。

刘阳对宋陶然说："我还有些问题想向你讨教，择日不如撞日。上周大姐请你去我家吃晚饭，被你谢绝。现在我和她再一次邀请你去，总会给个面子吧！"

"谢谢你们的好意，但我今天也实在有些累，只想回去休息

地震后的地震模拟厅

一下，改日可好？”

　　马小喜笑道："何必推三阻四，想不到一向以豪爽自称的'送桃来'，今天却扭扭捏捏得像小脚女人。"

　　宋陶然佯作恼怒状："你是嘲讽与激将并施于我，态度恶劣之极。"说完不禁笑了，补充道："看在你死皮赖脸的份上，去就去吧，只是少不得要向大姐道个歉了！"

第十二章

议国防兵力推演网络战
论战争适应国情谈模拟

离开仿真大观园后，刘阳与夫人通电话，说已邀宋陶然返家，请柯灵灵也来，一起吃晚饭。到家后，宋陶然见柯灵灵已在场，不好意思，面露尴尬。反倒是柯灵灵显得十分亲热，赶着宋陶然，一口一声"宋姐"。宋陶然的情绪慢慢松弛下来。刘夫人张罗大家入座。冷盘热炒摆了一桌子，外加一瓶红酒、一瓶二锅头和几罐啤酒。虽然是家常自备的菜肴，却也香气四溢，引发食欲。

众人围桌团团而坐。柯灵灵问宋陶然："你喝什么酒？"说着飘了马小喜一眼。

宋陶然还未回答，马小喜笑说："当然是白酒啰，你这是明知故问。"

刘夫人举杯对宋陶然说："欢迎你加入我们的行列，今天是客，明天就是好朋友。请干一杯。"

喝干杯中酒后，宋陶然再举杯对刘夫人说："谢谢大姐的招待，回敬一杯，为上次未能前来，向你道歉。"

"我们一见如故，何必客气。"

"还有我呢。"哲生说。

"你也敬宋阿姨一杯，欢迎她常来咱们家。"

马小喜在一旁说："这样轮流敬酒，反倒显得彼此生疏，还是随便一些为好。"

宋陶然三杯酒落肚，面显酡颜，赞叹说："这样的家庭气氛，真让人舒心和羡慕。"

马小喜兴高采烈地说："那就欢迎你常来呀！"

柯灵灵道："看你又快得意忘形了。想想不久前你那无可奈何的狼狈相，倒值得大家干一杯。"

"我现在左拥秋菊，右赏春桃，已经心满意足，焉能不高兴。"

宋陶然道："呸！浪子丑态，暴露无遗。"

一席话引得大家哄堂大笑，至此阴霾尽散，相互再无隔阂。

刘阳看到气氛缓和，便引入主题："谈正经的，最近几个月，我们接触了许多系统仿真技术应用领域，只有战争模拟方面还知之甚少，只在煤矿仿真系统听到矿井与战场的对比。另外，对仿真技术的准确含义及其与其他技术的分界如何划分，心中还存在疑惑。很想与人探讨一番。"

宋陶然回应说："现代战争仿真详情，恐怕要请军方人士介绍。至于系统仿真技术的准确含义和界限，我和马小喜等人曾做过讨论。最早的系统仿真，仅仅指的是面向动态过程的模拟研究，从而与计算机科学计算划清了界限。但随着科技发展和相互渗透，仿真技术的含义和边界，我想也会相应地发生变化。例如，计算机三维成像技术，早已被各类人员培训仿真器采用，人脸表情的模拟，虽然不是过程仿真，但似乎也属于仿真技术的一种。再如虚拟现实技术的应用，能否也可并入仿真之中，还有疑问。

另外，机器人和机器动物都有了现成的产品，你能说它们不属于仿真吗？问题的另一方面，也不能把沾点模拟边的科技都拉进来，如仿生学，声呐就是模拟蝙蝠超声波定位功能研发的，总不能说仿生学是仿真科技的一个分支吧。像动物克隆技术，也可能发展到克隆人，恐怕和今天的系统仿真是风马牛不相及的两回事。你能把它也纳入仿真领域吗？"

马小喜道："我认为没有必要明确仿真技术的含意与界限，既不需要'争地盘'，企图把其他领域的技术拉进来，也不需要画地为牢，拒绝别人使用'仿真'这个名词。正像争论系统仿真的理论基础是什么一样，我认为意义不大。只要该项技术能解决问题或产生经济效益，自然会获得社会各界的承认和欢迎，随之也会迅速发展起来。界限模糊一些可以吸引多人关心仿真技术，何乐而不为！"

柯灵灵说："我同意这个意见。我们公司唐老板对于将机器动物排除在仿真技术之外，很有些不满意啊。"

刘阳说："小马是大而化之的说法，学术界的学究先生们是绝不会认同的。"

马小喜道："他们愿意争论，虽然于事无补，但百家争鸣么，也没什么坏处。我们何必跟着跑，又不是吃饱了饭没事做。"

宋陶然接着说："听了马君一席大而化之的发言，对我颇有启发。我想我们的思想似乎应该更开明一点。通常一个科技工作者，内心深处总怕被别人看轻自己的专长。更有甚者，连专业名称也隐然自傲。例如搞仿真的人，常将计算机仿真属于近代高技术之一挂在嘴上。其实，仿真方法只是一种实用技术，与其他技术共存，并没有高下之分。说到仿真的含意，本来就已经很清楚，

就是模仿真实，它更通俗的说法是以假代真，或直接了当地说是
弄虚作假。古往今来，假的东西太多，过去的假古董、假名画、
假借名人著书立说等，比比皆是。今日市场上假货币、假烟、假
酒、假药，各种假名牌手表、电子产品和名牌衣、帽、鞋物，甚
至假文凭、假学历、假头衔等，更不用提连酱油和食盐也有假货
了。屡禁不止，层出不穷。因此，弄虚作假这个名词，遭到世人
万分憎恶。但是，弄虚作假全是坏事么？且不说军事上的'兵不
厌诈'，假情报、兵力佯动、假目标物，甚至迷彩保护色，在战
争中都起到了一定的作用。哪一件不是弄虚作假？所有的军用和
民用模拟器、工业培训仿真系统、医学外科仿真系统等，无不是
以假代真。衡量它们质量高低的一项重要指标是逼真度，也就是
以假乱真的程度。另外，弄虚作假的名词中，弄虚恰恰与应用虚
拟现实暗合，作假就是模拟/仿真之意。诸位想想，是否很有趣味？
任何事物都有两面性，技术和行事方法也同样如此。对于弄虚作
假，抑制其不利于社会的一面，发扬其有应用价值的一面，才是
正途。狭隘的系统仿真，应指针对过程仿真而言；广义的仿真技
术，则可认为凡是以假代真的，都可包括在内。何必浪费精力去
讨论什么仿真的含义和界限！"

　　大家听后，对她这种大胆新奇的观点，一时愕然，不知所措。
马小喜则抚掌而起，赞道："对极了，这才是真知灼见，令我闻
之，茅塞顿开！"其他人却无从置喙，只好就此罢论。

　　柯灵灵说："关于战争仿真问题，可以请唐老板问一下他的
邻居梅德贵先生，看他能否为我们做些介绍。好久未见到这位空
军少校了，听老板说，前一阵他去外地开训练会议，后来又去基
地参加集训，现在刚刚回来。我可以负责邀请他与各位座谈一次。"

刘夫人嗔怪说："本来是安排一次轻松的家庭聚餐会，哪想到你们这些人碰到一起又是大谈仿真，乱发议论，都是刘阳提出问题引起的，破坏了今晚的大好气氛。"

柯灵灵说："大姐说得对！大师兄不但破坏了气氛，而且让宋姐顾不上喝酒，讲了那么多话，早已口干舌燥。"

马小喜应声道："该罚大师兄一杯！不过我还没有听够。小宋请喝酒润润嗓子，继续再发宏论。"

宋陶然展颜一笑道："你的赖皮劲儿又上来了。"众人均笑。

刘夫人最后做总结性发言："我看各人自扫门前雪，把自己杯中的酒喝光，该吃点饭了。饭后也好让小宋早点去休息。"

几天后，从柯灵灵处传来消息，她已请唐老板联络好梅少校，但少校说自己对战争仿真了解得不十分详尽，提议约定时间，去仿真大观园的军事仿真馆找专家请教，并建议先读仿真杂志上已公开刊出的几篇文章，如《分布式交互系统（DIS）和高层体系结构（HLA）》《过程仿真支撑软件（作战仿真版）》等。

在约定的日子，梅少校在唐老板的陪同下，到仿真大观园与刘阳等会合。马小喜笑说："我们整日穷忙，已经好多天未见两位之面了。今日又约在一起，来学习战争仿真技术，机会难得啊！但却不知唐老板居然也对仿真如此感兴趣。"

唐大壮笑答："你们搞仿真的人，不承认我们机器动物这一行也属于仿真技术范畴。我心有不服，想多了解所谓的仿真高新技术，这葫芦里到底装了什么药。我想你们不会拒绝我来旁听吧！"

刘阳说："岂敢。何止旁听，衷心请您参加讨论。"

宋陶然补充道："不管别人如何想，我们已有共识，认为机器动物和机器人等，都是仿真技术的一种应用。"

柯灵灵笑接道："我建议咱们公司最好改名为仿真动物公司，您看如何？"

唐大壮回应道："这个建议好，我回去就办理更名事宜。对于形神俱备、与真实动物类似的机器动物，理所当然是仿真动物。仅冠以机器头衔，显然名不符实。"

大家按时进入军事仿真馆的小会议室，已有几位人员在内等候，一位是国防科技大学王教授，一位是海军训练部门的退役上校，第三位则是与梅少校和唐大壮均熟悉的空军仿真分馆模拟空战总指挥——退役少将。

王教授首先发言："谢谢大家关心国防建设，来到军事仿真馆。为了增强全民国防意识，我们有义务宣传现代军事知识。居安思危，关于现代战争问题，当然是其中的重要内容。我们今天想先向各位介绍所谓战争仿真技术的方方面面。为了活跃气氛，也请你们发言，提出问题和看法，最好形成研讨会的格局。"说到这里，王教授稍作停顿，看大家都颔首同意后，接着讲述：

"战争通常是由几个战役构成，战役又可分为局部战场的战斗。系统仿真技术既可以用于分析大规模战争全局的可持续性发展，也可以模拟一次战役的全过程，当然更可以仿真局部战场双方的武备效能和指挥员的战术运用，最终获得双方的毁伤和胜败的结论。前面两项是国家有关部门和高级军事领袖的事。后面一项则用于对军队指挥员训练，提高其素质、战术水平和驾驭战场的能力或者进行战斗过程的推演，以便预测其发展结果。这种作战仿真，是今天我们介绍和讨论的主要内容。"

"人民解放军平时的训练遵循八字方针，即'模拟培训，网上练兵'。模拟培训，就是使用各种军用模拟器，训练指战员熟练掌握各种现代武器的使用。如作战飞机、各类舰艇及其各种装备、坦克、导弹和火炮等的模拟器。网上练兵，则是利用计算机网络进行指挥作战的模拟训练，这是战争仿真的重点内容。现在大家先到陆军模拟指挥所参观一下，增加些感性知识。"

陆军模拟指挥所

模拟指挥所内正面的大幕墙，映出战场地形和敌我双方的态势图。图中，双方武备和兵力均以军标方式表示出来，并注以批量，使指挥员一目了然。工作人员向参观者解释："我方兵力部署是准确详尽的。敌方部署则是根据侦察、情报和上级传讯资料设置的，显然不够完整和准确。但双方的最新动态，图上会自动调整变化，而且敌方对我最具威胁之处，将用闪烁红点标出。"

右方一块较小屏幕为文字说明，显示气象条件、地形地物参数，如桥梁载重、道路状况、房舍高度及材料、林木性质等。也可显示双方兵力的当前特点，如疲劳、士气、缺员和出勤情况等，甚至有关敌方将领的简历、性格和嗜好，也可调出参考。

左方较小屏幕上，显示出敌我双方的武备资料，包括图像和重要参数。以坦克为例，有装甲厚度、行驶速度、武器类别和性能、燃料和弹药基数等。

王教授继续解释说："模拟战斗是在计算机网络上进行的，一旦打响，战场形式可能瞬息万变，尤其在使用现代武备情况下，战场形势变化很快。指挥员驾驭战场的能力和战术指挥本领，就可以在此英雄用武之地大显身手，从而达到训练指挥员的目的。"

屏幕前有一列微机操作台，指挥所在进行各种内部功能操作和对外的通信联络，如接收上级传来的信息和命令、向友军收/发信息、向所属兵力发布命令、请求上级支援以及收集侦察所获新情况等。

靠后则是指挥部位，由指挥员、政委以及参谋人员组成。

王教授补充说："战场必然由敌我双方构成，所以，敌方也拥有类似的模拟指挥所，其设备与此相差不多，但却是按假想敌的指挥体制建立的。该指挥所也拥有一组指挥人员，按照其作战意图进行战场交锋。有时还设置其他的模拟指挥部位，如导弹火力部队和空中支援部队等，包括轰炸机群、强击机群。在双方之上，设有模拟战调度中心，由更高级的军事领导人员，充当双方的上级单位，它的任务是裁判战斗胜负、插入突发事件以及调动后备兵力等。"

返回会议室后，王教授继续说："刚才参观过的模拟指挥所适用于师（旅）级或团级单位。增加其数量，并明确相互隶属关系后，联网可构成更大规模的战争仿真系统。例如，网上具有多个师级模拟指挥所，可模拟集团军的战争。当然也可缩小用于师和团两级，或更缩小为团和营两级的小规模作战仿真。"

马小喜询问道："现代战争通常会是多兵种协同作战，起码空军是少不了的。这种战争仿真是不是更为复杂？"

空军退役少将回答说："若采用简单的仿真方式，可在网上增添以师或团为单位的空军模拟指挥所。这是和大家刚参观过的陆战仿真类似，所有的武备（现在是飞机）都是虚拟的。它适用于小规模的战争仿真，如提供己方陆、海军的空中掩护，或者支援己方消灭敌方的有生力量等。但现代空军的重要任务是抢夺制空权，这时是大规模的机群作战。在这类空战中，每架飞机可能处于各自为战的状况中，胜负取决于飞机和武器的性能，以及驾驶员的技术和战术水平。所以，更深一层的空战仿真系统网络，除双方的指挥所外，还应接入飞机模拟器。每台模拟器均拥有自己的计算机，称之为一个结点。联机网络的特点是不设服务器，但要完成相互间的数据通信。这种系统首先由美国国防部门开发出来，称为分布式交互仿真系统（DIS），它不仅限于在模拟空战时使用，而且扩展到用于网上其他真实武备和模拟器上。由于美军几乎在全球都设有基地，所以 DIS 系统也适用于异地联网的设备。这种情况，会导致网络通信出现困难。首先，通信机制与带服务器的分布式系统（DCS）不同，后者仅是下位结点与服务器之间通信，而在 DIS 中，却是各结点之间相互通信。梅少校和唐先生曾在我馆多次进行模拟空中格斗，那只是两个结点间的通信。当结点成百上千时，显然局面变得异常复杂。其次是通信的迟滞问题。现代飞机是以声速（约 340 米/秒）或超声速飞行，空对空导弹甚至达到 3 倍声速，百分之一秒的时滞，带来的误差将大于 10 米，可能产生该命中的未命中、不该命中的却碰上了的问题。仿真结果不可信，从而失去了仿真的意义。为了解决这一问题，在 DIS 的基础上，美国又发展了高层体系结构，称为 HLA 系统。它的实质是通信服务器，并拟定了各种规范，以便在军队统一使用，设想构成庞大的、包括海陆空三军的战争仿真系统。自然，HLA 系统也不排除应用于非军事领域的仿真。"

刘阳惊叹道："想不到战争仿真有这样复杂的技术问题。建立这样的系统应是多人劳动的结果，而且费钱费时，真不容易。"

王教授补充说："还未谈到海军作战仿真系统呢，它另有特殊性，如果大家有兴趣，不妨请这位海军上校做些介绍。"

退役海军上校看大家点头表示欢迎，便说道："海战的仿真系统，当然也可纳入上面介绍的大规模网络中，但它有自己的特点。海军的主要装备是各种级别的军舰，除小型的导弹快艇、鱼雷快艇外，其他中型以上军舰都装有多种武器，如大/小口径舰炮、对空和对海导弹、鱼雷、深水炸弹等，还设有各类传感器，如航海雷达、远程警戒雷达、对空警戒雷达、导弹制导雷达、炮瞄雷达，甚至相控阵雷达，以及主动式声呐、被动式噪声站和各种波段的通信器材等，通常还有舰载直升机。所以，可以把它看作是一座海上的钢铁武器平台。它还具备强大的动力设备和独立的电站。为了指挥和协调各种武器的使用，现代中型以上军舰都装有集指挥、控制、通信、计算机、情报、监视和侦察等功能于一体的现代信息控制系统，即 C^4ISR 系统。该系统相当于我们刚才参观过的陆军指挥所，仅是自动化程度更高一些。它也有大屏幕的战场态势图，显示敌我双方海上的分布，但与陆军的不同之处，是 C^4ISR 系统中设有各种武器和传感器的操作站，直接控制武备的使用。"

"海战仿真可分为两种。第一种适用于海军院校或有关部门，

海军模拟 C⁴ISR 系统

称之为海军战术仿真系统。它是一种计算机网络，每一结点代表一艘舰艇，可以输入本舰的航速和航向，以及根据显示器上的海战态势图，实施本舰各种武器的应用，向在网络中代表敌方的结点开火。计算机根据武器性能，计算命中与毁伤结果。更进一步的仿真，则是将舰上 C⁴ISR 系统中的各种武器操作站，用模拟设备取代，也联入网络中，参与模拟海战的具体运用。这种网络可以与陆、空军的战争仿真系统联网，构成大规模的陆、海、空三军联合的战争仿真大系统。"

"第二种海战仿真系统，适用于单一军舰的作战仿真，其方法是向靠码头军舰的相关部门和设备，注入战场信息，如参战的敌我双方在战场中的位置、航速和航向、各种武器操作站运作所需的信息以及各类传感器的信息等，同时也接收该舰数据。军舰上的指战员，不需脱离本舰，使用舰载实际装备，即可根据注入的不断变化的信息，进行一次模拟海战。这种方式显然投资较小。信息注入设备设置于一辆拖车内，停在军舰码头上，即可演练。只要统一接口，信息注入设备可向多种军舰输入信息。"

"海战仿真有一个特殊问题，即敌方军舰的模拟。前边已经讲过军舰是一座庞大的武器平台，若有针对性地模拟假想敌的军舰，就需要逼真地模拟它的性能和它所拥有的武器装备及各型传感器的性能。但是，全世界的海军舰艇种类很多，装备的武器及传感器更是五花八门，繁不胜数。如何快速模拟某假想敌的军舰，成为一项复杂的工作。"

马小喜举手打断了他的讲话，插言道："梅少校提议我们事先阅读的有关论文，有一篇叫《过程仿真支撑软件（作战仿真版）》讲到建立武备模型库和针对具体对象的组装问题，是否就是解决这一问题的方法？"

海军上校说："对了，我们可以称之为仿真模型装配法，它不仅适用于海军，也适用于其他军兵种的战争仿真。"

马小喜接着说："不仅可用于军事仿真，在其他领域，例如工业仿真项目中也能发挥作用。但海军武备模型库是怎样建立起来的？"

海军上校回答说："根据公开发表的资料和情报来源进行分类，可列为载体、武器、传感器三大类，每一类又可细分，将细分后的武备主要性能参数，及其运作的数学模型，装入计算机硬盘中待查和调用。"

宋陶然说："这就像工业仿真系统中，将设备拆成不能分割的小部件，形成仿真模块装入模块库中备用一样。"

刘阳说："有点类似于工业中的标准化。"

王教授在一旁打趣道："这样长时间枯燥无味的介绍，没有使你们厌烦吗？"

"学到许多新鲜知识，没有枯燥的感觉。我还有一个问题想请教，看过仿真杂志发表的有关介绍文章，请问我国的战争仿真是否也是按美国的分布式交互仿真系统及其高层体系结构建立起来的？"马小喜说道。

王教授微笑着说："这属于军队和国防部门的事情，我们不方便在此公开讨论。但国外的新技术总是应该借鉴的吧！你有什么高见，可以尽量发表。"

"我不是军人，对战争仿真更是门外汉，哪来的高见。但有些看法，如骨鲠在喉，想一吐为快。美国在海外大量驻军，基地几乎遍布全球，他们在组织模拟训练或战争推演时，有时需要将散于数千千米外的基地纳入统一的模拟系统，不可避免地在多结点接入时，出现数据多结点相互传输的问题。我国在海外没有基地和驻军，也不主张称霸去侵略别国。军事院校、基地、装备和各种模拟器都在国内。小规模的战术模拟训练，在各军兵种相应单位（如院校或基地）可以实施；大规模的战争推演，可以在国防大学、军事科学院等处设置完善的系统设备，也能满足要求。这种相对集中的模拟演练，使用宽带局域网，不会出现数据传输的迟滞问题，而且投资很少，这一点也符合我国军费不足的国情。美国年度军费开支为4000亿美元，我们的年度国防开支远远低于这个数字。"

王教授说："你对国防建设的热情是值得肯定的。顺便问一下，你建议的战争仿真系统采用何种结构的网络？通信机制如何？结点太多怎么办？"

"根据我粗浅的军事知识认为，战术仿真与模拟器训练是不同级别的两件事。战术仿真局限于局部战场，而且主要用于培训指挥人员的指挥能力，我们看过的陆军模拟指挥所已足够用了。根据刚才介绍，海军军舰上的 C^4ISR 系统，相当于一个本舰独立作战的指挥所。最大的航空母舰 C^4ISR 系统，装备也不超过百台的操作站，全部用模拟设备取代，数量也不算太多。空战指挥有另外的特点，即便是双方出动数百架飞机，也不可能有这么多的飞机模拟器挂在网上。有些文章讲，美军的交互式仿真系统（DIS）可以接入 10 万个结点，我一直想不通这样做的意义何在？我建议的网络仍采用工业领域成熟的分布式控制系统（DCS），它的通信规约如 TCL/TIP 方式，可靠性是久经考验的。另外，战场指挥都是分级管理的，上级司令部门为师或团，在仿真或推演较大规模的战争时，它们可以分成两级网络，这种模式也符合陆、海、空三军及其他兵种的真实作战指挥情况。最后，我大胆地讲一句，国外先进的技术和方法，必须跟踪、考察和了解它是否应该推广应用于我国，而且应考虑当前我国的国情，不能盲目地照搬照套。"

宋陶然补充道："我们国家自改革开放以来，特别是加入 WTO 以后，经常听到的是与国际接轨的要求和呼声，这无疑十分重要，因为不能按国际规范，或称游戏规则参予世界市场竞争，就无法进入国际市场。但我国的军事是否也需要与国际接轨，却是应该商榷的重大问题。首先，我们向谁接轨，向美国还是英国或法国？他们战争仿真系统的结构是否相同？更重要的是，这些国家的指挥体制是否类似？武器装备是否一样？其次，战争仿真技术为什么要采用美国的方式？它可能很先进，但这是符合它的国情的。我们的国情与之不同，刚才马先生已经讲清了。第三，我们欲想按美国战争仿真系统的模式发展我国的系统，到底有什么意义？作为仿真技术工作者，大量地介绍、宣扬，甚至已经组织人力和资金开始从事这项工作，会不会是技术方向上的一种误导？"

王教授皱眉苦笑说："诸位不要这么激动。我们只是向各位介绍战争仿真技术，完全没有涉及选用技术的政策问题。这不属于科技工作者的职责，建议不再议论这些事。何况 DIS 和 HLA 系统在非军事领域也有它的应用价值。今天的讨论到此为止，感谢大家畅所欲言，对我们这些从事军事科学的人，有一定的参考价值。"

刘阳说："谢谢你们抽时间，向我们传授了这么多的军事仿真知识，并请您对我们这些外行话，甚至错误的言论予以谅解。"

王教授答道："不必客气，有机会希望你们再来。"

第十三章

制造业虚拟样机待推广
机械学仿真生产起步行

从军事仿真分馆出来后，大家仍在思索整整一下午时间所听到和看到的战争仿真知识，对引进高新技术和国情现实之间的关系，特别是工程技术人员应抱的态度和应负的责任，着实令人深思。

马小喜首先打破沉寂道："改革开放以来，国外的事物蜂拥而进，使国人开阔了眼界，增长了见识，引进了大量的资金、新技术和管理方法，成绩十分显著。但是，不问国情，不加分析，认为外国一切都是好的，唯外国马首是瞻的做法，恐怕也有问题。"

刘阳说："我们对军事和战争仿真技术知之不多，基本上是外行。今天下午的发言可能是外行话，甚至有谬论的成分。但在强调技术引进和推广应适应当前的国情方面，这一原则，还是站得住脚的。"

下午没有讲一句话的梅少校说："关于战争，纵观历史，弱国打败强国、劣势装备战胜强军的战例，多得不胜枚举……"

唐大壮突然笑着插言："像我在模拟空战中打败过你，就是一例。"梅少校笑接道："偶然一例，虽然不足为训，但却说明战场上的战术指挥，即人的智慧和能动性，是绝对不可忽视的。我们的武器装备，包括模拟器和战争仿真系统，较之世界强国还有较大差距，但中国人的聪明才智却不见得输于洋人。利用有限的军费开支，尽快建立自己的网上练兵系统，以便实施指挥员的战术培训，才是当务之急。需要大量投资并且旷日持久地企图按美国模式，组建战争仿真系统，未必符合现在的国情。"

宋陶然说道："可惜我们不是军事专家，而且人微言轻，于事无补，仍用那句老话，只不过书生空议论而已。比较现实的还是多注意一些与国民经济发展有关的仿真技术应用更为重要。"

刘阳接话道："我们学校早已建成 CIMS 国家重点实验室，CIMS 的通俗解释是无人工厂，现阶段国内推广不易，但其中涉及的虚拟生产技术，却有大力推广的价值。国内外已取得了不少成就。了解这种技术，能为我们增加仿真领域的知识面。它是仿真技术在工业制造业发展最快的一种应用。不知热心于系统仿真技术的诸位，有无兴趣涉猎一番？"

马小喜赶忙说："我对此事颇有兴趣，只是怎么没听说本校有这么一个实验室？"

刘阳调侃地说："那只怪你除了自己学业外，两耳不闻窗外事，一心只顾谈恋爱。"

柯灵灵嗔道："瞧瞧，这也是大师兄说得出口的话！"众人相顾嘻笑。

末了，马小喜和宋陶然想了解虚拟制造技术，特请刘阳负责接洽事宜。

几场雨后，秋风乍起，暑气全消。在一个凉爽的工作日，刘阳和马小喜、宋陶然三人，来到校园自动化系的 CIMS 重点实验室。刘阳介绍了一位短发、身材瘦小、戴着近视眼镜的中年男子——室主任武佑伟教授，请他介绍虚拟制造技术。

武教授沉吟了一下，说："刘阳同学前几天已和我说明了几位的来意，但本人不善言词，不知从何谈起。"

宋陶然笑道："哪有教授不善言词的，听刘阳说您的讲课内容丰富，语言生动，颇受同学欢迎。所以，请不吝赐教。"

武教授淡淡一笑说："一方面我不喜欢夸夸其谈，另一方面也没能进一步了解你们的需求，仅简单知道你们是学自动化的，现对仿真技术有兴趣。为了避免无的放矢，浪费时间，我提议咱们效仿答记者问方式，你们提问，我来回答，再以讨论作为辅助。你们看这样好不好？"

三人前几次参观和学习，都是服从接待方的安排和听取介绍，间或提出问题，但大部分时间属于被动地接受知识。没想到这回武教授却要他们先主动提问，由于没有准备，一时不知如何开口。

还算宋陶然反应快，说道："我们对虚拟制造一无所知，只是慕名请教。请您先从定义开始，给我们介绍一下虚拟制造是什么技术？"

武教授回答说："虚拟制造是 20 世纪 90 年代在国外兴起的，为了解决新产品上市时间短、质量要求高、成本尽量低、服务好和与环境协调的难题，以适应激烈的市场竞争而逐步开发的一种高新技术。开始时称之为虚拟样机（VP）技术，也就是在计算机上对某项新产品从设计开始，到制造完成为止，生成一个虚拟的产品样机。它能从外观、功能和行为上，全面模拟真实的产品。"

马小喜插问道："这是不是对新产品在投产前，先以假代真的一种产品开发方法？"

宋陶然淘气地一笑："弄虚作假的有益之处又一例证。"

武教授一愣："什么弄虚作假？"

刘阳赶忙把他们之间的私下议论，简要介绍一番。武教授大笑说："有意思！为弄虚作假正名，符合辩证法。虽然听起来不入耳，但却是实话实说。"

宋陶然说："虚拟制造是否就是指在计算机上制造样机？"

"是的，尽管虚拟样机节省了大量的产品试制时间和投资，但它毕竟只是新产品问世的前奏，而不是真实的生产本身。将虚拟样机转化为产品，涉及许多问题。例如已实施多年的标准化和各种规范的遵守、生产线的合理设置、质量保证体系的建立，甚至装配工差的配合问题等。而且制造业本身也还存在科学管理、产品营销方针和策略以及为用户服务等方面。所以，尽管有了虚似样机，设想立即进行产品投产是不现实的。上述所有问题最好也能利用计算机仿真和虚拟现实技术，并结合其他技术，在产品投产前予以解决。因此，提出了虚拟制造技术问题。"

刘阳说："虚拟样机容易理解，它的含意在它的名字上已表露无遗。虚拟制造却不易明白，难道生产制造一项产品也是虚拟的吗？那有什么意义？并且它和虚拟样机又是什么关系？"

武教授解答道："此处的'制造'是广义的概念，即如前所述，是指一切与产品相关的活动过程，当然也包括虚拟样机在内。但这是一种全新的概念，现在还处于起步的初级阶段，有关问题尚在研究中，甚至还没有一个得到学术和技术界公认的定义。我国有的专家提出的定义是'实际制造过程在计算机上的本质实现'。"

宋陶然插话："不如直接了当，虚拟制造就是产品生产及其相关过程的全局仿真或模拟。这样也较通俗易懂。"

武教授笑了一下说："我们不是在开学术讨论会，随便你们怎么定义。只要基本弄清楚虚拟制造是怎么回事就可以了。这种技术可以认为是运用仿真技术对制造业的全方位改造。"

马小喜道："武教授的介绍，使我们大致明白了虚拟样机和虚拟制造的含义。如果能有一个可以观看的实例表演，一定会对这种新的仿真应用加深理解。"

"本想请你们参观一下我们重点实验室的有关部分，但实验室绝大部分从事的是软件工作，机房中的计算机就不值得一看了。"

武教授稍作停顿接着说："前些时候我们为用户完成了一项虚拟样机的反求设计和分析工作，可以作为实例演示一下。"

看到三人都露出渴望一观的眼神，武教授打开一台微机和与其相连接的投影机，在银幕上显出一台正在投入生产运作中的织机图像。他介绍说："这是一台性能较好的织机。过去织布，纬线由梭子带动横穿经线，经线则由一组共轭凸轮带动上下交错张开，每穿过一根纬线，交错一次。这台织机使用箭杆取代梭子结构，称为箭杆织机*，原理是一样的。我们首先对这台织机进行反求设计。"

马小喜插问："什么叫反求设计？"

宋陶然帮忙解释说："开发一种新产品通常有三种方法——模仿创新、自主创造和合作创新。"

武教授接道："但现阶段应用最广、效益最好，而且最实用

* 取材于《系统仿真学报》2001（1）肖田元等论文。

的另一种方法，即反求创新设计法。对已有的品质好的产品，进行逆向工程求解，分析其设计思路和数据，找出关键部件的优点和缺陷，改进设计，以求获得性能和质量更佳的产品。这样避免了从头开始重新设计，节省了大量时间和人力，加快了产品开发的进程。"

武教授在微机上调出箭杆织机的共轭凸轮图像后说："织机性能的优劣，很大程度上取决于它的核心零件——共轭凸轮的设计。所以首先采用反求设计方法，检验它设计的合理性，对它进行运动和动力学的性能分析。结果发现该凸轮组设计得十分合理，与织机运作配合准确协调，且具有良好的动态特性。"

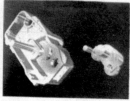

箭杆织机、共轭凸轮、虚拟装配

刘阳指着银幕上的凸轮形象问："这是一幅照片吗？"

"不是照片，是三维数学化仿真模型进行可视化处理后的形象。"武教授边说边操作微机，银幕上的凸轮组件则产生上 / 下和左 / 右的旋转，可从任一角度，看清它的立体结构。

接着他又调出一幅图像，用激光教鞭指着图像说："这是箭杆织机的一个关键的易损体——筘座支座。通过软件分析，它的易损处是圆孔与截面的交接处，此处有应力集中区，并且支座的宽度和长度选择不合理。据此做了调整设计，使其应力降低了四分之三，提高了部件的质量和可靠性。"

马小喜说："我听说外国有的厂商产品的零部件设计，有所谓极限寿命之说，以便可以不断向用户提供易损件，养成用户对它的依赖性，从中获取丰厚利润。应用虚拟制造技术岂不是也可故意设计零件的易损性，达到其损害用户、牟取暴利的目的吗？"

武教授不由微笑赞道："你的反应很快，并且能做到举一反三，很聪明啊！"

宋陶然道："说不定那些搞极限寿命产品的公司，就是用这种先进技术达到目的的。任何事物都有两面性，新技术也不例外，可以为'善'，促进社会进步，表现为改善产品质量；也可以为'恶'，阻碍社会进步，表现为故意降低产品质量。这又是一个例证。"

马小喜说："这正是仿真作为弄虚作假之贬意，不被人们普遍接受的原因。"

刘阳感叹道："利益驱动之下，在高新技术应用中，总会产生类似问题，不足为怪。但仿真工作者，应该用自己掌握的知识，去揭露这些背后的丑行，但谈何容易啊！咱们还是听武教授继续往下讲吧。"

武教授接着说："刚才讲的是工程分析，是工程设计的一个特例，还不是真正的工程设计。但工程设计离不开造型即三维模型取代图纸、运动和动力学性能分析、构件的应力分析以及特殊情况下的热力学分析，如铸件和机件的热处理等。均有现成软件可以使用进行仿真研究，以实现虚拟样机的设计工作。"

"上面的简单介绍忽略了一个重要问题，就是零件要组装为部件，并进而组装成整机。这就要求实现装配模拟试验，称之为虚拟装配。"

说到此处，他又调出另一幅三维图像，解释说："这是箭杆织机凸轮箱的虚拟装配画面，利用工程数据可视化软件，可以动态地仿真零件的装配过程。但在批量生产装配零部件时，必需有一定的公差配合，这将需要借助公差分析软件，找到凸轮箱中凸轮、滚轮和箱体轴孔等分项形位公差的合理分配，最终完成虚拟装配的仿真分析研究，并形成实际装配过程的技术文件。"

宋陶然问道："对生产制造来说，好像还少了一个环节，就是零件的加工过程，加工也可以虚拟化吗？"

武教授回答道："我正准备介绍所谓虚拟加工的仿真技术。机械加工需要设备，如各类数控机床，还需要毛坯、夹具、刃具等。这一切也都可用数学模型代替，并将其可视化处理，加以显示。"他边说边做，在银幕上调出了虚拟机床的三维图像。"现在显示的就是虚拟数控多刃具卧式铣床。"换一个画面，又出现了数控车床。它们都表现出加工过程的动态运作情景。

刘阳说："对于复杂一些的产品，不只是机械加工和装配问题，还有一个自动控制系统的问题。"

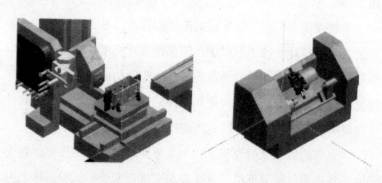

虚拟机床

宋陶然补充说道："自动化系统的功能仿真，在工业领域中早已解决，可以轻而易举地实现，我想添入这部分内容没有什么困难。"

刘阳道："但是社会化生产，应该是专业之间的协作，并非一个厂家全部包办。如果对一项新产品的开发，控制系统由另一家公司完成，在虚拟制作中怎么办？而且不仅控制问题，还有产品外观的美化，需要专门从事工业设计公司的专家协作，以及需要铸造和机箱制造等。总之，有个相互协作的要求。这一点在虚拟制造中如何解决呢？"

马小喜说："我想一定是通过宽带网来沟通联系，传输数据和图像等。"

武教授总结说："最好的异地数据和图像传输的方式是莫若分布式交互系统（DIS 和 HLA），不知诸位对这种系统有没有概念？"

刘阳回答道："我们不久前参观了战争仿真环境，从而获知了有关 DIS 系统的一些粗浅知识，并且还在讨论中大发议论，觉得我国仍然比较穷困，不如现阶段仍应使用传统的以太网为宜。"

武教授纠正说："异地单位，而且使用的计算机不同，在不设服务器的情况下，对于虚拟产品的联调，当然以 DIS 系统来得方便。使用以太网也能够解决问题，仅仅不够便利就是了。"

马小喜接话说："我试着把武教授介绍的全盘内容总结一下，看我们的理解是否正确。所谓虚拟制造的含义是以虚代实和以假代真，在计算机上实现产品的概念形成、开发设计、加工制造、装配工作等全过程的仿真，并做到可视化，其中还必须选用相关的专业软件，进行计算、检验等。"

武教授说："你只是讲清了虚拟制造的内容，但最本质的东西没有突出。虚拟制造是将一个物理的或物质的生产过程，转化为数学模型和数据信息流的高逼真度的仿真过程。它已经在军事、机械、电子、航空、航天、船舶、汽车、通信，甚至消费类电子产品中获得广泛应用。克林顿政府期间，曾批准快速发展和推广应用这项高新技术，批款预算超过 10 亿美元。它的经济效益十分可观，例如波音公司新产品的研发中，采用虚拟样机的仿真方法，可以降低 20%~30% 的成本。"

宋陶然说："虚拟制造涉及的技术面太宽，我看现阶段虚拟样机技术的确值得大力推广。"

刘阳说："我有一个感觉，不知对不对。20 世纪末，关于系统集成方面，曾经热乎了一阵，但是技术进展迅速，现在是否已进入技术集成，或叫作知识集成阶段。虚拟样机和虚拟制造，都是以仿真技术为主线，并把已有的各专业领域的技术或知识集成进来，构成更高层次的仿真系统。"

武教授说："你的说法有一定道理，我们今天演示的虚拟制造项目，除仿真技术外，还引进和使用了机械系统动力学分析软件、结构力学分析软件、公差分析软件、工程数据可视化软件、计算机辅助设计软件和有限元运动分析软件等，并且还自行开发了接口软件和代码翻译软件等。这些软件通过接口和代码编译器，有机地集成在仿真系统支撑平台之内，才完成了箭杆织机这项不太复杂的虚拟样机和虚拟制造的开发研究。"

向武教授致谢后，三人离开重点实验室所在的大楼，漫步在校园林荫道上，仍沉浸在所听到和看到的虚拟制造技术的复杂内容之中。宋陶然轻叹一声打破沉默："看来仿真技术的发展远远突破了早期面向过程对象的狭隘应用格局，逐渐渗入到对复杂系统全面仿真的范畴中去。"

刘阳说："生产制造系统还不能认为是复杂系统，因为不论产品本身看起来如何复杂，但却是人造系统。对象的模型属于'白箱'，有许多成熟的数学模型及其分析软件可利用，只需合理地选择集成／综合／融合运用罢了，我国著名科学家钱学森将它称之为简单巨系统。更复杂的对象是影响因素很多，而且相互关联，对象在诸种因素作用下，将何种整体反应又不清楚的系统，例如社会科学中若干领域的问题，它们的数学模型属于'灰箱'或'黑箱'。建立可信的仿真模型，就成为关键之事。"

宋陶然说："我听说复杂性和复杂系统的研究，是当今科学界的一大热门，例如人体科学、宇宙科学、中医中药学、军事科学等。我们前面已接触到属于复杂系统的一些表面肤浅的内容和现象，如关于经络与穴位的探讨，对战争仿真的了解，以及对宇宙大爆炸的外行臆想等，但什么是复杂性和复杂系统，它和系统仿真技术有什么关系，我却还处于连基本原理都不懂的状态，很需要学习，以补自己知识的不足。"

马小喜接茬道："乖乖隆地咚，可惜生有涯而学无涯，学到老死也无止境。现在还是欲知复杂性如何，且听下回分解吧！"

第十四章

水族馆虚拟游戏花样多
复杂性产生科学新领域

　　话说秋尽冬来，夜长昼短。各位两个多月来都在忙于自己的工作、学业和生活琐事。在之后偶然的几次聚会中，大家发现马小喜锋芒毕露的性格有所收敛。刘阳夫人私下对刘阳说："这可能是柯灵灵对他潜移默化影响的结果。"刘阳回答道："我曾侧面问过小柯，她说马小喜有一次感叹地自责，'我的知识十分浅薄，哪里还配有什么雄心壮志。想起几次大庭广众之中的高谈阔论，徒惹人暗笑，觉得十分渐愧。现在决心好好学习，充实自己。首先把硕士论文做好是当前最重要的事'。"

　　刘夫人叹了一口气："年轻人胸怀壮志是一件好事，知识的积累要靠时间和个人的努力，不能碰了些钉子，就心灰意冷。你是不是做些工作，劝劝他？"

　　刘阳回答道："像小马这样聪明外露，并有一定骄傲情绪的人，思想不够成熟，容易产生向两个极端的摇摆，是需要做一番开导工作。"

　　"我看这两个多月，你们都挺辛苦，不如约个时间在一起玩儿一次，轻松轻松。哲生一直闹着要去看水族馆，大家去仿真大观园虚拟水族馆，怎么样？"

"劳逸结合，完全同意。有劳夫人安排。"

凉风扑面、天气晴朗的周末，刘阳一家三口、唐家父子、梅家父女和柯灵灵、马小喜、宋陶然，陆续来到仿真大观园。梅花和哲生蹦蹦跳跳走在前面，一群人直接奔向虚拟水族馆所在地。

水族馆门前有一个椭圆形的小池塘，塘边灌木丛后，错落地安置着几只体积较大、正在鸣叫的青蛙，和几只懒洋洋头部伸缩不定的乌龟。池中有一条可爱的小鲸鱼在游弋，不时浮出水面，背上喷出水柱，靠近池边时，少量水花会溅落在游客身上。两条滑稽的小海豚也来凑趣，半身出水，表演舞蹈。游客异口同声，都赞有趣。旁边竖立的说明牌上写明，这些栩栩如生的鱼、蛙和龟等，都是仿真机器动物。两个小孩跑前跑后，欢笑雀跃，随大人购票进入虚拟水族馆。

水族馆的第一座建筑名为海底世界厅，是一个直径达 15 米的球体，内部中心处安装有九台向侧面球幕墙放映画面的无接缝投影机，向顶上投射画面的则采用鱼眼镜头投影机。直径 6 米的参观平台由底部单柱支撑，位于距球体中心下方约 2 米处，有钢桥从入口处通向平台，一次最多可容纳 50 余人参观。球体的下部布置成海底背景，由礁石、珊瑚、海草和沙砾等铺设，其中杂陈着海底生物 (如海星、海蟹、蚌类等) 的模型。平台下设置的射灯，营造出色彩缤纷的海底世界。

刘阳一行和其他游客登上观赏平台，恍如置身海底的琉璃世界，放眼四面八方，数以百计的大小鱼类自由游动，有些奇形怪状，有些成群结队，还有一些大鱼追逐小鱼、章鱼吞吃俘获物等

海底世界

光怪陆离的景象，尽收眼底。

演示约 10 分钟后结束，众人恋恋不舍地离开，走向第二个展厅。

唐小强问："360°视景是如何产生的？要做到让平台上所有观众都能看到所有场面，怎么实现呢？"

刘阳回答说："可以用两种方式实现。第一种，所有的鱼和海洋生物均是三维成像制作，它们在多台联网计算机的帮助下，很容易穿越各台投影机的边界，自由通过各自独立的画面，游向相邻画面。但此方法工作量很大，投资高。另一种方法要简单得多，只需让投影机平台，按每秒 0.5°的速度慢速旋转，每 12 分钟转一周，则每一个人都在不知不觉中，观看了全景。此时的鱼类有些是实拍，有些是用三维动画制作。这样真假渗合制成电视片，供各台 DVD 机放映，不但逼真度高，而且投资大大减少。

我估计海底世界用的是后一种方法。"马小喜听后一反常态，一言不发。刘夫人给刘阳使了一个眼神。刘阳淡淡一笑，表示理解。

第二个展厅名字有点奇怪，叫"手势唤鱼厅"。进门后，迎面设有模块化背投显示器拼接的幕墙，宽 3.5 米，高 2 米。幕墙几乎看不出接缝，上面是一幅海洋背景图，海下深度约占画面高度的四分之三，剩下的四分之一为蓝天和几朵浮云，海天交接处，可看到海面滚滚波涛翻起的浪花，景象颇为美丽壮观。幕墙前 2 米处有不锈钢矮护栏，栏杆上四处安置了小块白板，上方做手势处，下方则是手势与鱼种对照表，共有 10 种鱼可供选择，游客只需举手置于白板前，做出规范内的手势，幕墙上即会出现相应的鱼种，自由游弋。梅花用手势选中了没有见过的飞鱼，只见一群小飞鱼快速游过来，短翅张开，冲出海面，在低空中形成几道

手势唤鱼厅

优美的弧线，重新落入水中，赢得了游客的一片掌声。哲生则偏爱海豚，选出它们表演了一段水上芭蕾，惹起观众的嬉笑声。小强恶作剧，用手势选出了一条鲨鱼，只见它在海里横冲直撞，惊散了一群聚拢漫游的小鱼，吓得它们东躲西藏。

第三处叫"围捕金鲤"厅。进入厅内，登上约1米的人造土坡，望见下方是一段长7米、宽2米的模拟河流，河底由无缝背投模块拼接，构成画面向上的屏幕，中间有座2米宽的人造汉白玉小桥。模拟河表面有薄薄的一层真实水流淌过。河底的屏幕上映出卵石、水草和泥沙等。小桥两侧各有一条锦鲤，在水中自由回游。靠岸处每边设有不规则的彩色石块，允许同时有千位游客用推杆将石块推入河中，以堵截游动的锦鲤鱼。石块的不同颜色，对鱼的游动方向产生不同的影响：遇黑返游，遇白右绕，遇黄左向，遇红犹疑驻留3秒钟。在3分钟内，游客应将鱼堵截在石块与沿岸构成的围困处，否则鱼将逃入桥下不再游出，或从河流两端逃逸，围堵以失败告终。

柯灵灵与梅花自愿组成一组，小强与哲生为另一组，分别占据小桥的左边和右边河段，开始围堵锦鲤鱼的游戏。结果，柯、梅两人堵住一条，唐、刘两男孩则终无所获。哲生不甘心，还要来一次，最后在妈妈的帮助下，也堵住一条，满意地结束了这次游戏。

刘夫人问马小喜："你要不要试一次？"

马小喜摇摇头说："不用了。"

小强问刘阳："为什么鱼能分辨石头颜色，并改变自己的方向？"

刘阳向马小喜努努嘴说："你可以问问马叔叔是什么缘故。"

马小喜指着河段对应的屋顶位置解释说："你看上面吊有微型CCD摄像机，它是石块位置的传感器，将颜色及位置传输给计算机，后者再按已编好的程序，控制鱼游动的方向。当定时超过3分钟后，程序即令鱼迅速逃逸。"

围捕金鲤

最后，他们走过一个布置成洞窟模样的幽暗长洞，一块高约2米的玲珑太湖石高居洞口，上面雕着大字"空穴浮鱼洞"。洞内只有地面被照亮，两侧石壁略显凹凸，间错布有高矮不同的十几个洞穴。每一小穴中有一条水中生物，如鱼、龙虾、水母等，大穴中则有数条海鱼、一群虾、几只螃蟹或者几条热带鱼，五色斑斓、栩栩如生地悬空自由飘浮游动。伸手入穴，却触摸不到任何实体。两个小孩啧啧称奇，几乎每经一穴，都忍不住伸手进去捞摸一番。刘阳解释说："这是空气中成像的虚拟显示技术。"

在虚拟旋转餐厅就餐，刘夫人特意要了一瓶白酒助兴，但马小喜只是低头喝闷酒，柯灵灵平时就不爱讲话，就连平时比较活跃的宋陶然也提不起兴致，席间缺乏了往日聚餐时的欢乐气氛。

刘阳停箸向马小喜问道："我两周前托人带给你几份关于复杂性的论文，不知你看后有什么想法？"

马小喜皱着眉头吱唔道："我只翻看了一下标题，提不起兴趣，没有仔细读过。"

刘阳说："那可是近来国际国内学术界的热门话题，你怎么会不关心？我看你最近一副魂不守舍的样子，有什么心事吗？"

"最近在仿真大观园内外的所见所闻，引起了我不断深思。首先，我感到自己的知识太贫乏；其次，对有些知识也仅是一知半解，相当肤浅；第三，犯有好高骛远的毛病，导致夸夸其谈的表现。因此本人决定痛下决心，从打好基础入手，沉下心来，好好学习。"

刘阳笑了："你这决心很好，但也用不着垂头丧气，情绪消沉啊！你听过'知不知为知'的话吗？知道自己所不知道的技术或事物，也是一种知道啊！"

宋陶然跟着补充道："网上仅仅技术领域的知识已多得像汪洋大海，这是信息时代的一个特征。另一个特征是技术更新的速度日新月异，简直目不暇接。人生短短几十年，你又能了解多少？面对知识和信息爆炸的现象而惊慌失措，甚至情绪低落，只能说明你对时代的无知而已。"

柯灵灵不无讽刺地说："想不到马兄在知识的海洋面前显出银样蜡枪头的本性。"马小喜听后，满面苦笑。

刘夫人劝慰道："青年人应有雄心壮志，不然何必在人生走一回！只为了争名逐利度过一生当然不可取，但碌碌无为恐怕也太泄气。岂不闻俗话说，活到老，学到老，应再加上一句，贡献到老，才全面。"

刘阳跟着道："总结一下，送你 16 个字，'胸怀志向，切忌骄傲，充实自己，服务终生'。你不会认为这种老生常谈，是对你的说教吧！"

宋陶然站起举杯："劝君更进一杯酒，重整旗鼓再进军！干一杯。"

马小喜也站起来："谢谢诸位的关怀，使我胸中块磊消去了一些。请大家都干上一杯。"

哲生也举起饮料杯："还有我呢！"

大家嘻嘻一笑，一饮而尽。

马小喜表态说："我除了安心写好硕士论文外，一定振作精神，进一步学习系统仿真范围内的未知技术。"

刘阳知道人的思想转变，需要一定时间，因此，叮嘱马小喜回去看些关于复杂性的论文。

回到宿舍后，马小喜冲了一杯浓茶，想静下心来对自己近日的思想做些分析。他的第一个想法是刘阳的知识水平比自己高一层，宋陶然懂得的也较多，柯灵灵则安心于机器动物的设计工作，包括唐大壮和梅少校等人，都对仿真技术有兴趣，和自己一道参观、访问和学习，他们的情绪沉稳，不像自己一时雄心万丈，一时又心灰意冷，这说明自己的思想还不够成熟。想到这里，他突然记起小时候在"文化大革命"时期听到大人常挂在嘴边的一句政治术语——"小资产阶级的狂热性"，不由得哑然失笑，自我解嘲道："原来如此，真没出息，枉自诩为豪情满怀的男子汉！"之前内心深处还存有几分愧疚，此时此刻不觉轻松起来。

喝下一杯热茶，哼着小曲，马小喜顺手拿起刘阳托人转交的几篇关于复杂性和复杂系统的论文，埋头翻阅起来。他发现这些文章字里行间有不少划线和手写的批注，均出自刘阳的手笔，不觉对大师兄认真治学的精神，肃然起敬。

看了几篇论文后，他发现所谓复杂性与复杂系统研究，当前还处于科学思想的研讨阶段，也涉及到复杂系统分析方法的研究。国内外在不同领域已有一些成功应用的实例。如对我国经济领域以市场平衡为中心的复杂系统，进行政策模拟与经济预测，其平均模拟误差和预测误差都在此内。马小喜感叹自己对社会经济学一窍不通，只能浮光掠影地获得一些印象，又一次深感自己知识的贫乏。他在读了《中医复杂系统研究》《计算机网络复杂巨系统的分析》《能源经济复杂系统仿真研究》等文章后，引发了兴趣，决定从基础开始，学习和探讨复杂性问题。为此，他建立起了一个专题学习笔记本，记录心得和体会。以下摘录他写的若干片断。

什么叫复杂性？照字面的解释就是一个事物／过程／系统／组织具有复杂的内容。但是复杂性如何量度？复杂到何种程度才够得上复杂性研究的范畴？

复杂系统的含义是：通过对一个系统的分量部分（子系统）性能的了解，不能对系统的整体性能作出完全的解释。

通俗的比喻是：有如"盲人摸象"，对所接触到的各部分（如腿、脚、身子、鼻子、象牙和尾巴等），都有一定程度的了解，但把各部分简单地叠加在一起，并不能凑出一只活的大象，无法说明象在活动中各部分的协调关系。当然更不知道活象的生理功能。

盲人摸象的比喻说明：哪怕每位盲人都是天才，也只能对所接触的象体局部有所认识，因为他"盲"，他的认知也是有限度的；将所有盲人的认知拼凑在一起，也不能完全解释活大象的整体功能，遑论它的物种由来和进化，以及它与其他生命体不同特点形成的原因和过程。

盲人摸象的比喻有人可能认为过于简单化了，还可以进一步联想：大象是一种生物，20世纪生物学已经取得了很大的成功，发现了DNA、RNA、蛋白质等等。这是在"大的是由小的组成，小的则由更小的组成"的科学思想下，一直细分下去获得的伟大成果。但这是否有些形而上学和机械唯物论的味道？全部基因相加，并不等于生命。生命本身是宏观的，它包括各种子系统，如消化系统、呼吸系统、心血管系统、生殖系统、神经系统（这又是从大分小的科学归纳方法取得的成果），甚至扑朔迷离的经络系统，以及大脑的思维活动等。实际上，我们对于生物各子系统之间的相互作用、相辅相成的紧密联系，至今也未搞得很清楚。

盲人摸象

生命已经够复杂了。不仅如此，生物与周围环境又构成了更大规模的开放性复杂巨型系统。环境不但包括自然环境，还包括接触到的人为环境，并由此引发生命体（例如人）对环境的适应能力、遗传性能和感情的产生（注：科学已证明动物也有感情），表现为喜、怒、哀、乐……

还有一个研究大象的角度，即将大象看作是物质，能量和信息的一个整体。对于物质而言，科学已经发现所有的物质都是由最基本的 6 个夸克和 6 个轻子组成（大象也不例外）。大象的能量部分是食物转化为活力的研究。生命体内能量的转换机制（涉及到效率）至今也还没有达到清楚了解的程度。至于大象的信息体系，它有和其他动物相同的植物神经系统，以维持体内各子系统的正常运行。但它也有思维和对外的信息交换，表现为它可以接受训练，"出卖"劳动力，帮助人进行重体力劳动，也可成为杂技团的"明星"，进行表演。传说中野象死前都奔赴一个隐密之地，以防止象牙的丢失，虽然不知真假，但认为它存在思维和信息系统，基本上不会错。可惜简单思维的活动，我们至今仍不清楚。就算全搞清楚了，基本粒子＋能量转换＋信息系统也不是整体的大象。

综上所述，不管从什么角度对大象化整为零地分解研究，无论如何解释不了一头活大象的全局表现。用通俗的话说，这是 $1+1 \neq 2$，所有子系统相加不等于整体。

对于具有复杂性的整体怎么研究？岂不是狗咬刺猬，无从下嘴？这是后话，当前还是要进一步了解复杂性的深刻含义，因为它已形成了一个新的科学领域。

"复杂性是我们生活的世界，以及与其共栖的系统的关键特征"——中科院外籍院士、诺贝尔经济学奖获得者，知识广博被誉为"杂家"的司马贺教授如是说。

推论：按司马贺的说法，复杂性具有普遍存在的含义。看似简单的事物，也可能包容着复杂性在内。只要"打破沙锅问到底"，就会暴露无遗。鸡蛋是生活中常见的食物，妇孺皆知，显得多么平凡。但它真的很简单么？长期使人困惑的一个问题是"先有鸡，还是先有蛋"？现在马马虎虎的结论是根据 DNA 的突变，加上遗传性，产生了禽鸟这类物种，所以，先有鸡，后有蛋。这就涉及到生物进化的复杂问题。如果再顺序问下去，生物的基因为何突变？答曰：受环境影响。为什么只有禽鸟类这一物种会受影响？答：乌龟和甲鱼也生蛋，古代恐龙有些也生蛋。蛋内有蛋黄和蛋白，现在知道它们都是胚胎发育过程的食物。为什么分成两种食物？蛋黄营养高适合发育初期，蛋白营养低适合后期，鸡难道懂得营养学？为延续后代自然界赋予的。众所周知，动物可分为胎生和卵生两种，卵生动物的蛋又有无壳和有壳之分，鸡蛋为什么有壳？因为要壳来保护和孵化时保温。蛋壳的材料主要是钙，鸡体内哪来那么多钙？吃进去的，君不见饲养不当的缺钙鸡会生软蛋吗！为什么禽鸟蛋的形状相似，都是一头大、一头小？这样的形状结构强度大，不信的话，你可手握生鸡蛋，看能否握碎它。难道鸡懂结构力学吗？岂有此理，那是自然形成的。自然怎么会有如此完美的创造？大自然比这更完美的杰作多的是。如蜂类的筑巢、蝙蝠的超声定位、蚁群王国的分工组织、大雁的南北迁移、公鸡的司晨啼鸣等，自然界的奇妙之处不胜枚举。

复杂性科学被称为 21 世纪的科学，它的主要目的就是要揭示复杂系统的一些难以用现有科学方法解释的动力学行为。钱学森等人在《开放的复杂巨系统》一书中说，凡是不能用或不宜用还原论方法处理的问题，都是复杂性问题。由于有复杂性的作用，复杂系统常常表现为一种反直观的系统。实际上，复杂系统是一种具有中等数目、基于局部信息做出行动的智能性、自适应性主体的系统。它有三个核心特点：中等大小数目的主体，通俗地讲，也就是元素不能太少，也不能太多；智能性和自适应性；局部信息，没有中央控制，并且具有突现性、不稳定性、非线性、不确定性、不可预测性等，即具有非线性、复杂性。

读者诸君，一切归于大自然的力量，这种笼统的回答，你能满意吗？如果去问专家，也许答案更详尽一些，但详尽的回答也许会暴露出更多的"为什么"，是不是有点神秘？我们不必专门去探究生物进化论（其中存在不少迷雾）。但却获知，复杂性确实普遍存在。只是习以为常，没有多想罢了。

以前参加怪老头陈也新办公室探讨宇宙的起源，在仿真沙龙会和后来讨论的中医经络是否特殊网络，以及不久前参观学习战争仿真系统等，都应属于复杂性和复杂系统的新科学范畴。

应该与怪老头和中医徐研究员联络一下，问问他们最近的研究进展如何，他们对这个新兴科学理论有什么见解。

……

马小喜杂乱无章的笔记里，有一句感叹辞："仅仅复杂性这一常挂口头的名词，居然引出了一门使学术界注目的新兴科学。真没想到啊！难怪古人说'生有涯而学无涯'，此话可圈可点。"

第十五章

社会学持续发展难处理
整体论大成智慧露端倪

　　国庆节即将来临，马小喜在忙于论文写作的同时，又埋头学习复杂性理论，头昏脑涨。他想起古人说过"宁静致远"，耶稣对信徒也说过，"你们将家人留下，在荒野里去休息一下"。

　　马小喜与刘阳交换了意见，决定利用国庆长假，抛开城市喧嚣，约二三知己外出旅游，但在地点的选择上却煞费苦心。随着国内旅游业的发展，著名风景区都成为了旅游热点，在长假中，人们蜂拥而去，吃住便成为问题。还有交通和开销等需要考虑的问题。斟酌再三，最后选定去云南丽江。成行者有刘阳、马小喜、柯灵灵、宋陶然，计划时间四至五天。

　　一路无话，下飞机坐班车到达丽江大研古城时，已是午后时光。城内青石铺路，小巷纵横，满街均是宋、元朝代一二层的古朴房舍。远离高楼大厦的现代都市，令人耳目一新。美中不足的是，提前赶来的游客，已是络绎不绝，破坏了古城原有的幽静。

　　看到街上稍显拥挤的人群，马小喜暗自皱眉："来晚了，可能很难找到住处。"果不出所料，沿街旅馆都已爆满。四个人在迷宫般的小街巷中东奔西走，总算皇天不负苦心人，找到了一家当地居民让出的两间屋子，但被敲了一笔"竹杠"才安顿下来，此时已是午后 4 点多钟。

四人并肩走上街头，远眺北偏西方向晴空下玉龙雪山顶上的积雪，感受着清冽新鲜的空气，旅途疲劳一扫而空。漫步在迷宫一样的小巷，多了一份悠闲，两位女士声明饿了，提议去吃当地风味小吃。他们就近找了一家小店，要了丽江油煎粑粑、黄豆面条、鸡豌豆凉粉、米灌肠、三川火腿、风吹猪肝等当地传统食品和下酒菜，又要了苏理玛酒和窨酒，开始吃喝品尝起来。

马小喜说："难得浮生半日闲。我已有了心神放松、超然物外的感受，但一些问题和想法却油然而生。"

柯灵灵说："我们才感到舒畅，你又要提问题，我猜三句话不离本行，大概又是什么有关技术之类的想法，对不对？"

"非也，非也。不是技术，而是学术。"

宋陶然说："不管技术还是学术，建议全都弃之不顾，让我们的身心彻底休息，才是目前唯一应做的事。"

"身体获得休整，思想会更活跃，这叫静中有动，相反相成。当年释迦牟尼面壁时，他的大脑一定也在紧张地思考问题。"

刘阳打断说："废话少说，谈谈你的问题吧！"

马小喜正言道："近日来，在大师兄的启发与督促下，我正在学习复杂性和复杂系统的知识，想进一步了解系统仿真技术是如何在这一新科学领域发挥作用的，也曾向小柯介绍过一些……"

柯灵灵打断他说："你给我介绍的内容，我似懂非懂，今天再提起这问题，不怕扫了我们的游兴么？"

马小喜笑着说："眼前就有个现成的复杂系统实例，何不乘机讨论一下？"

柯灵灵笑问："什么复杂系统，难道丽江风光也是复杂系统吗？"

马小喜笑道："自然风光当然也是复杂性的问题，你怎么见物不见人哪。我要讲的不仅仅指风景，主要是指丽江地区及其旅游事业的开发，它是复杂系统的一个案例。"

宋陶然不无讽刺地说："何谓系统？丽江旅游又有何复杂性？请君发表宏论，我们洗耳恭听。"

马小喜严肃地说："系统不仅指有形之物，凡属一些相互关联、相互作用、相互制约的组成部分构成的某种功能的整体，统称为系统。"

宋陶然故意引逗："我终于恍然大悟，怪不得现在连政府官员也会随口道出系统工程的名词。以我的浅见，系统内容复杂，就是复杂系统喽，但不知丽江旅游区的复杂内容是什么？"

马小喜解释说："我们讨论的是丽江旅游区的可持续发展，首先要说明的是这项系统工程的复杂性。按钱学森的分类，它属于开放复杂巨系统，其特征如下。第一，相对独立的部分或称子系统种类繁杂、数量颇多，如政府机构、司法部门、旅游业管理机构、各景点及其管理机构、教育机构、旅馆、民宅、餐饮、交通、邮局、银行、税务、物资流通、土特产和商业，还有人口及少数民族、纳西族的东巴文化、公司和企业、能源、电信、供水、排污、环境保护和医药卫生，以及粮、棉、油、菜生活必需品的供应，等等。要知道这是一个地区社会啊！当然包括了社会各个方面全部的组织和功能，只不过现在是以发展具有特色的旅游业为主罢了。而且这个地区社会的组成还可以细分下去，如交通分为飞机、公共汽车、出租车等；旅游分为各种等级的酒店和出租民宅等；商业分为生活必需品、工业品、土特产等；文化分为纳西象形文字、古籍、古乐、民俗和宗教等。"

两位女士听了上面侃侃而谈的一席话，有点目瞪口呆，暂停了吃喝。马小喜则笑着干了一杯酒，舔舔嘴唇评价说："这酒味道不错，很有特色，你们看着我干什么？吃呀，喝呀！"

柯灵灵嗔道："你别卖关子了，说了一大堆社会组成的废话，意义何在？谁都知道社会是怎么组成的，这和复杂系统有什么关系？还有以下几个方面又是什么？"

马小喜回应说："社会就是一个开放复杂巨系统，小小丽江区也不例外。上面谈到的就是系统复杂性的一个特征。"

刘阳喝了一口酒，道："让小马吃点菜，我接着往下说。系统复杂性的第二个特征是结构的层次性。丽江区中的政府、各类管理机构和企事业单位都有上下层次，属于纵向的关联，而且各子系统间也存在纵向联系。不但如此，丽江小区仅是香格里拉大旅游区的门户，它的持续发展规划必然要与香格里拉大区联系在一起考虑。不再细谈。第三个特征是各子系统，即各相对独立的部分，它们之间也有复杂的横向关联……"

柯灵灵打断他的话，道："社会各部门纵向和横向之间的复杂关系，不用你讲，我们都能意识到。最好举个特殊的实例谈一谈。"

马小喜说："可以举出旅游和环境污染之间的关联作为实例。人类的活动是造成地球自然环境污染的最大根源。请设想一下，小小的大研古城，如果每年游客量达到数万至十数万人次时，仅生活垃圾一项，就够处理的了，这必然涉及政府机构、环保部门、各风景点、旅馆和餐饮业，甚至必要的规章制度的制定与监督执行等等。来前听说此地著名的'女儿国'有 50 平方千米的泸沽湖。原为水清透眼，能见度达到 12 米深，现在却有可能转变为一潭臭水。你们看问题多么严重啊！"听者都默默点头称是。

马小喜接着讲："下面我结合丽江此地实况，再简单地介绍一下开放复杂巨系统的另外几个特征。如对外开放性，说的是丽江区并非完全封闭。从古至今，它与外界必然存在着物质、能量和信息的交流。现在成为著名的旅游区，这种交流规模扩大了何止千百倍，对本地区的影响非同小可，丽江面临由于人口置换带来的传统文化湮灭的危险。另外的一个特征是，我们对于丽江的许多部分（子系统），至今认知不全面，譬如纳西族的象形文字，据说此地还藏有近十万册古书，涉及纳西族的历史沿革、宗教和民族文化的方方面面。可惜识者不多，至今深入研究还不够。同样，对丽江地区的气象、地质、生态环境、农林牧副渔业的发展过程及其前景，也还未能完全清楚认知。复杂系统还有一个特征是自身的适应性，即其各部分（子系统）能够通过与周围环境的交互作用，增加适应的能力。如此地在旅游旺季，接待众多游客的条件根本不够，所以在古城侧又建立了一个庞大的新区，并将其与古城一起，组建了祥和丽城，升级为市，就是一个适应环境变化的例子。"

饭后，夕阳西下，四人踏着月色，经青石板路默默漫步走回住处。刚才的一番议论，在他们之间引起了不同程度的思索。

柯灵灵叹一口气："复杂系统真是复杂呀！"

宋陶然说："问题在于这样复杂的系统怎么去分析研究？它和系统仿真技术又是什么关系？"

马小喜笑着说："小生自会妥善安排介绍，但这是下一回合之事，现在需要的是休息和睡觉。两位小姐欲知后事如何，且听下回分解。"

第二天，阴有小雨，气温较低。早餐吃水闷粑粑，男士要了酥油茶，女士为避免不习惯的膻气，试喝牦牛奶。餐中议定，当天游览古城内的名胜古迹，暂不远出。

他们先在四方街上漫步，向北方走到古城水车处，驻足观赏。

宋陶然说："中国在七八百年前就已懂得利用水力进行生产活动了，不知西方何时开始使用水力？"三人均摇头。

旁侧的一位花白头发的老者听后说："欧洲大约也在七八百年前，已经有了水力磨房。"

宋陶然微笑道："谢谢老人家的解答。想不到在此能遇到一

大研古城风景

位对欧洲中世纪历史有渊博知识的长者。"

站在老者身边一位不到30岁的先生搭讪说："我父亲是历

史学教授，对历史考古也有兴趣，所以知道一些。"

老先生哈哈一笑："教书匠而已。可惜现在没有多少人对历史感兴趣了。当代青年对中国历史大都很少学习，少年更是数典忘祖。"

柯灵灵问道："你们也是来旅游的吗？"老先生点头称是。

马小喜连忙说："老人家是专家，有机会还要向您请教。请问贵姓？"

"不敢当，免贵姓华，中华的华。"道别后，各自离去。

四人经过木府石牌坊，到达木王府。木氏土司的府第，虽然气势远比不上北京的故宫，但也占地广大，建筑群体雕梁画栋，光彩照人。内辟多间展览馆，堪称丽江纳西族的文化大观园。在展馆内，他们又碰见了华教授。刘阳、马小喜和柯灵灵缠着华教授，听他对纳西族古文化的介绍。宋陶然则与华家之子落后几步，

木府照片

像在谈些什么。

离开木府已近中午，刘阳等邀请华教授共进午餐，被婉言谢绝。但双方约定，当晚一起去听纳西古乐。

午饭时，柯灵灵问宋陶然："你和华公子在我们后面谈得很熟络，究竟说些什么？"

宋陶然回答说："我对纳西历史不太感兴趣，遇见华公子，无事闲聊几句。他叫华夏嗣，计算机应用专业，对计算机控制系统学有专长，现在一家自动化工程公司当工程师。"

刘阳插话说："华夏嗣这个名字肯定是华教授所取，望子成为继承华夏传统之后嗣。"

"这名字不好，因为夏嗣者，上、中、下驷之下驷也。"马小喜应道。

宋陶然瞪了他一眼："马小哈专在别人名字上显示小聪明，实在差劲。"

刘阳说："别胡扯了，还是继续我们昨天的复杂系统讨论吧。"

柯灵灵顺势说："看来大师兄是想利用一切机会向我们灌输现代知识，唯恐我们的大脑闲下来，只好遵命，听听小马的'下回分解'吧。"

马小喜笑着说："得令！书接上回，现在开始介绍复杂系统的分析研究方法及其与系统仿真的关系。首先，应该从实际出发，对一个一个具体的复杂巨系统加以研究……"

宋陶然马上打断他说："这是一句大实话，不用你指出来。因为现阶段还不存在一套完整的、可以解决一切复杂系统问题的支撑平台，当然只能从具体问题入手。"

马小喜说："你何必这样急躁，听我慢慢道来。对某项复杂系统，开始应从宏观整体上看待与考虑问题，做定性仿真研究。然后从子系统、甚至更细的微观上进行处理，做定量仿真，并把两者统一结合起来。最终是从整体上研究和解决问题。这叫作从定性到定量的综合集成法。"

柯灵灵道："怎么从整体出发，做定性仿真？复杂系统内容既然非常复杂，局面就像是俗话说的'狗咬刺猬，无从下嘴。'另外，使用计算机仿真技术必须具备数学模型，请问，复杂系统的定性和定量的仿真模型如何构成？"

马小喜白了一眼柯灵灵，说："又出了一个急躁的人，还没弄清理论概念，就想明了具体方法，哪有如此简单的事。"

刘阳道："你别卖关子，吊她们的胃口了，还是由我解释一下吧。搞仿真的人对所建立的数学模型，偏重于它的理论依据和计较它的计算准确度。其实这个问题，在以前讨论汽车模拟器时，谈到人的感觉不能简单地用精确数据来衡量，这就是以人为本。在复杂系统仿真建模中，又出现了新问题，那就是存在理论不足，认知不够，为此要求援于经验性的判断。这指的是群体专家的经验，是另一种的以人为本，靠人来判断有望解决问题的途径，并且靠人来处理错误数据或补足不完全的数据。作为专家，他们的经验性知识，是专家能力的关键所在。"

马小喜补充说："综合集成法是利用计算机的软硬件，来综合专家群体的知识和经验，获得对复杂系统整体的定性认识，然后对各种数据和信息进行加工处理，使之上升为对整体（全局）的定量认识。但是这个过程相当复杂，需使用人的智慧，多次反复仿真试验，对其结果进行分析判断，并获得多数专家的认可才算初步完成。所以，它是一个人的思维与计算机的强大功能相结合的结果。钱学森将此命名为大成智慧工程。"

柯灵灵道："说了半天，我依然似懂非懂，最好用个实例加以解释。"

马小喜说："我们就以丽江旅游区的可持续发展为例吧。可持续发展是个科学名词，现已经家喻户晓了，其实就是过去所说的远景规划的代名词。既然是搞规划，必然需要丽江地区的政府及各有关行业参加，并且要将这个小区域的规划纳入到香格里拉大旅游区的规划之中考虑。根据发展旅游事业为中心的要求，各行各业围绕这个中心议题，提出相应部分的规划，并在高一个层次上，将它们统一起来。所谓统一，就是将各行各业的纵向和横向关系搞清楚，并加以适配，使其相辅相成。这些关系中必然包含许多统计数字、经验总结、知识集合和历史形成的结构关系等。制定出一个初步的规划。其实这个规划虽有依据，但仍属于设想，其中假设的成分居多。它们就是从整体出发构成的复杂系统原始的定性模型。下一步则是求证此假想模型的正确性。"

宋陶然笑道："这很像胡适先生提出的'大胆假设，小心求证'的学术思想。"

刘阳说："胡适的说法被批判了许多年，我想现在应该给予公正的评价和正确的理解。大胆假设，并非'人有多大胆，地有多大产'式的口号，假设是在知识和经验的集合上产生的，但不应拘泥于传统，要解放思想，有所创新。这才是大胆的正确含义。"

马小喜补充道："从建立原始模型开始，就老实承认理论和知识的不足，而求助于经验性判断，做出假设。这与传统的仿真建模不同。后者是按物理规律建模，以数学公式表征之，可称之为方程式基础上的建模。复杂系统的建模方法有两种——涌现、控制。"

马小喜接着说道："不仅如此，这种仿真也与简单的输入－输出关系有很大的不同，因为在仿真建模中，无所谓固定的输入，而是随机的触动系统，称之为动因（agent）的介入，观察系统的变化趋势。例如对丽江地区而言，人流和季节是两种相互关联的动因。前面已讲过，在旅游旺季，游人众多，会给地区带来极大的冲击，几乎涉及到丽江的所有部门；但在淡季，游客数量少，又不能使设施闲置。在规划（模型）中，就应添置应对这种动因变化时的对策。又如流行性病毒感冒或 SARS（非典）的病情发生，这种动因，又会引起丽江地区一系列的变动。此外，某些物资供应的不足、世界某地区的局部战争、恐怖组织的影响、金融市场的突变、政府政策的变化，等等，都将引发丽江旅游区的状况发生变化。只有设想到每一个动因及其导致的丽江旅游区的变化，才能在规划中加入最佳的应对办法。这样的规划才是均衡有效的。"

刘阳插话说："丽江旅游区可持续发展的规划或模型才是可信的。上述的仿真过程要反复多次，才能取得一定的结果。"

宋陶然叹道："看来复杂系统的研究方法本身也够复杂的了。这种仿真技术，可以另立名目，谓之曰'大系统仿真'，以有别于传统仿真技术。"

马小喜反驳道："也不见得，从整体出发的定性仿真模型，有可能从最简单的概念出发去建立。这涉及到哲学问题。可是我们这顿饭已经吃了一个多小时了。这一动因，对饭店老板十分不利。咱们还是结束吧！"

柯灵灵笑道："不知什么谬论，又在酝酿出笼了。"

四人笑着结账，离开了饭店。

归程中，两位男士兴致勃勃，提议去玉峰寺，说那里有棵600年历史的山茶树，因花期长，花朵繁多，以"万朵山茶花"而著名。两位女士则以花期早过、身体疲惫等为由，提出回去休息。双方僵持，最后达成各奔东西，晚上再聚。

丽江古乐早已闻名，故晚间的音乐演奏会座无虚席。会场前，刘阳等刚巧碰到华教授父子，便一同进去，坐在一起。

纳西古乐的演奏人员，几乎全是七八十岁的老人，白发白须，手执有数百年历史的古董乐器，演奏源于唐、宋朝代的乐曲，堪称奇观。可惜听众大多为猎奇而来，缺乏音乐修养。只见华教授半闭老眼，似乎沉浸于古乐和吟唱声中。马小喜安静了一会儿，忍不住与坐在他身边的柯灵灵窃窃私语，也不知说了些什么。

宋陶然对音乐也无兴趣，看着华夏嗣显出百无聊赖的样子，便低声问道："你觉得好听么？"

丽江古乐

华夏嗣风趣地回答："我缺少音乐细胞，连流行歌曲都不会哼哼，对这种加有吟唱的丽江古乐更是听不懂，无从评价，只不好意思引用'呕哑嘲哳难为听'罢了。"两人低声笑起来。

宋陶然说："其实我对轻音乐比较喜欢，它能使我在烦恼中获得片刻轻松的享受。"

"不错，我也有这样的体会。此外，像《国际歌》和《国歌》以及《黄河大合唱》等，每逢听到它们，都有心潮澎湃的冲动。"

宋陶然又挑起别的话题："我虽然是音乐的门外汉，但对中国的丝竹乐和西方的古典乐曲，甚至贝多芬的《英雄颂》等钢琴大曲，也还能欣赏几分，唯独对港台流行歌曲敬而远之。"

华夏嗣应和道："说也奇怪，人类遗留下内容极为丰富、美好和感人至深的音乐遗产，却被充满商业气息的港台流行歌曲所淹没，让浅薄和俗气的歌声占据了青少年阵地，真有点不可思议。"

"我也有同感。可能这是现代化的一个特点！"

"不对，美国的乡村歌曲，虽也属于流行歌曲，但却较少包含粗俗的内容和韵律。哪怕是黑人创造的爵士乐，也不乏可听之处。"

"但美国社会也充满了粗俗歌曲和音乐啊！"

"是的，它们在社会上共存，依人们的需要而各取所需。"

宋陶然将话题引入国内："中国现在虽然基本也是如此，只是包括高雅音乐在内的高雅艺术，却较难争取群众，经济上大有维持不下去的趋势。"

"物极必反，我们只能拭目以待喽。"

一段对话，宋陶然感到华夏嗣文化素质较高，而且见解高超，不禁向他多打量了几眼。只见他衣履洁净，斯文一派，谈笑举止间表露出一股洒脱气质。此人虽非美男子，却有使人动心的魅力。宋陶然脸上一热，暗自嘲笑自己："是不是春心又动了？可别再闹出什么笑话来。"

两人停止聊天，只闻乐声和吟唱声，间或加杂听众的谈笑声，充斥于耳，使人难耐。两人相互对视一眼，抿嘴微笑，颇感心灵相通，大有此时无声胜有声的感触。

宋陶然问道："你们父子旅游，怎么尊夫人没有陪同一齐来？"

华夏嗣叹一口气，讪讪地说："交浅不好言深，我现在是个无家室之累的单身汉，兄弟姐妹都忙，只有我来陪老父一游了。"说着，他向刘阳努努嘴说："我猜你是陪老公来玩儿的吧。"

宋陶然笑着说："猜错了，我和他们是朋友，相约一游，他是我大师兄，借用你一句话，他已有家室之累，只是相当美满。另两位是一对爱侣，想必你已看出。"

华夏嗣笑着道："开一句不怕你恼的玩笑，我们是同病相怜啦。只是你这么漂亮的姑娘，怎么会至今单身？"

"高不成低不就呗，以致人老珠黄，哪还当得起'漂亮'二字。"

几句稍嫌露骨的问答，尽管都有一些掩饰，但两人却有点不好意思。

刘阳正襟危坐，似在听音乐，但也在有意无意间，听到他们两人的对话，心中颇为高兴。想做点好事，干脆暗中助一把力，将两人的关系拉得更近一些。古乐会散场后，他问清楚华教授明日的行程是去玉龙雪山，遂约定一起行动。马小喜、柯灵灵稍感诧异，但见宋陶然未予表态，也就点头赞同了。

　　次日，刘阳起了个大早，出去租了两部汽车，大家匆匆吃过早饭，到达华教授下榻的纳西风情客栈。正巧华氏父子也刚吃罢早餐，两组人顺利碰面。刘阳作主，每车分配三人，华家父子加宋陶然合坐一车，其他三人坐另一车。上车时，华教授坚持坐司机旁的前座，理由是视界开阔，可多看看沿途风光。刘阳则特别嘱咐司机开慢一些。两车相随出城驶去。

　　马小喜早已瞧出刘阳的几分用心，说道："大师兄可谓用心良苦。"

　　柯灵灵尚处于懵懂之中，问道："此话什么意思？"

　　马小喜笑答："很简单，大师兄想给华公子与宋小姐多一些接触的时间，只是好事若成，我左拥右赏的美梦岂不落空。"

　　柯灵灵知道他是开玩笑，打他一拳说："浪子的狐狸尾巴又暴露无遗了。"三人笑成一团。

　　华夏嗣与宋陶然利用途中这段时间，细谈了各自的生活和工作，并交换了通信地址、电话、电子信箱等。宋陶然从中了解到华夏嗣的前妻，性格虚荣，婚前看中华教授的名望，以为华家家境殷实，婚后却发现华家淡于名利，家资不富，因而不安于室，闹着离婚，最终"另谋高就"。华夏嗣也较细致地了解到宋陶然的恋爱风波。两人并未因对方各自的过去而有所不悦，反而使友谊更加深了一步。

　　到达玉龙雪山脚下，听到管理人员说："今天气象不好，玉龙雪山云遮雾罩，能见度很低，并有雨雪和冰雹袭击。虽有索道，但为了安全，暂停开放，要看下午天气是否转晴，才能决定能不能登山。"大家兴味索然，只好谋求其次，先去附近的云杉坪一游，同时意识到气候突变的动因导致旅游安排的变动，也是系统复杂性的一个表现。

云杉坪处于玉龙雪山脚下、云杉古树林之中，是自然形成的一片草地。夏季，稍远处雪山矗立，古木森森，碧草如茵，具有奇异的美景和幽静的环境。可惜此时高原已临深秋季节，草已枯黄。游人来去，谈不上幽静。更令人扫兴的是，为了防止众多游客践踏草地，修了一条栈道式的观赏通道，使人只可远观而不可近玩儿焉。

马小喜叹道："为防破坏，禁止踏青。看来世上没有两全其美的办法。"

刘阳道："两害相权取其轻，为保证旅游可持续发展，无可奈何采取此法，也是博弈论最简单的对策之一。博弈论在对复杂系统的处理上，是一个很重要的教学工具。"

下午，天仍未晴，他们只好回程顺路去了玉水寨、东巴万神园和丽江花园等处游玩儿。

四天的旅游即将结束。双方虽相处时间很短，但亦有依依惜别之意。好在与华教授居住和工作的城市相邻很近，有高速公路联通，不过两小时车程。相互道别后，大家分赴归程。

第十六章

结婚礼新人表演虚拟吻
喜庆夜仙女空中舞蹁跹

虽然这趟旅游并不顺心，既没找到宁静致远的环境，也没有玩儿得畅快，但每人都有不同的收获，接触到复杂性与复杂系统这个新的科学领域，了解了新的理论和大系统仿真技术等。宋陶然还结识了新朋友，大家都为她高兴。

国庆长假还剩两天。马小喜好动成性，回来后的第二天，就赶去刘阳家，想接着与大师兄继续讨论复杂系统问题。

刘夫人皱着眉头说："你们在外边逛够了，回家后又来讨论技术，哲生早就提意见了，要求陪他到外面玩儿。我反对你们在假日里没完没了地讨论。"

马小喜向刘夫人保证占用时间不超过一个上午，下午由他陪着一起逛公园，这才缓解了刘夫人的不满情绪，拉着儿子出去买菜了。

母子俩走后，刘阳开玩笑地说："这就叫家室之累，我劝你和小柯不要忙于尝试。"

马小喜对他的玩笑避不做答，说："现在距寒假和春节，只剩下三个月，我准备最后冲刺，把论文做好。但受你的诱惑，沾上了复杂系统的问题，想丢开手，却欲罢不能，只好利用目前的空闲，把心中的疑问和想法，一股脑儿地再讨论一次，就算作是这次学习复杂系统理论的小结吧。"

"抓紧时间，谈谈你的心得与问题。"

"我学习的收获首先是对两种科学思想的理解，西方偏重于还原论，即总体由部分组成，部分又可细分下去，认为只要弄清最基本的东西，就可弄清总体的性质，因此，任何物质最终由 6 个夸克和 6 个轻子组成，生物最终由细胞 DNA、RNA 和蛋白质等构成。这种科学思想，已经取得了伟大的成果。在东方，尤其是中国古代，偏重于整体论，将对象及其周围环境看成为一个整体，分析研究整体的性能和运行规律。在解决问题时，也要进行分解，但是是在整体框架下按功能的分解，而不是按其局部特征进行划分。它的根本依据是以阴阳学说为代表的辩证法，即对立统一规律，同样取得了辉煌的成就。中国医药学就是一个非常典型和全面的实例。"

"复杂性和复杂系统理论及其解决问题的方法，是企图将这两种科学思想融合在一起，并使用近代伟大的技术成就——高性能的计算机，从整体论出发进行定性仿真，然后以获取的知识经验（包括还原论的成果）进行定量仿真；这样，反复使用系统仿真技术，逐步建立表现复杂系统整体性能的模型，最终从整体上解决问题。"

刘阳补充道："西方科学思想虽有偏重于还原论的倾向，但对整体论的应用也在发展中，如系统论科学、控制论科学等，并取得了显著的成果。复杂性和复杂系统的研究，正是在这些成果的基础上发展起来的。"

马小喜说："西方人更强调个人奋斗，你看诺贝尔奖都是颁发给个人的。中国则强调群体的努力，钱学森提出集群体专家智慧之大成的体系，就是将专家群体的智慧与计算机的高性能相结合，表现出具有中国文化传统的特色。"

刘阳发表意见："集成专家群体的知识和经验，必须抛弃文人相轻、同行相妒和挟技自重以及认为奇货可居等坏风气，而且要打破不同学科、不同领域的隔阂。所以，这个方法的实施，是相当困难的。"

"我看最大的困难还是两种学术思想的融合。你仔细研究一下中医学中的整体论和辨证施治的方法论与西方医学的根本不同就清楚了。"马小喜说。

"从哲学的高度讲，还原论和整体论，也是你中有我和我中有你的对立统一。各自向偏重的方向前进，毕竟会殊途同归。当前在对待复杂性和复杂系统的大课题前，不是出现了融合的前景么。老弟不用杞人忧天，当然也不能设想一蹴而成。有趣的是，科学界思维发展的过程，也具有开放巨型复杂系统的特征。"

马小喜微笑道："大师兄的见解十分深刻，使我受益匪浅啊！"

刘阳谦虚地说："上面还都是属于泛泛而论，你还有什么新想法？"

"你说的对。泛泛而论虽能加深对概念问题的认识，但不能最终解决问题。我们在科技界，仅仅是略懂技术的小人物，对采用什么方法解决问题最有兴趣。我反复看了几遍关于中医药学复杂系统的论文，心中升起四个字——'另辟蹊径'。"

"愿闻其详。"

马小喜接着说："我从中医药学是复杂系统的论述中得到启发，既然要从整体出发定性，并最终以整体的行为衡量结果的正确与否。那么，中间定量的技术方法应是灵活多样的，不一定非按西方还原论的做法实施。例如中医理论依据的根本规律就是阴阳学说，这是中国古代表示对立统一规律的说法。以阴阳表示矛盾的对立双方，且你中有我，我中有你，相互包容和相互转化。这些已经将辩证法的内涵和精髓讲清楚了。可能是出于中国人特有的谦虚，总将早于德国黑格尔 3000 年前的阴阳学说称之为朴素的辩证法。难道还有什么不朴素的辩证法吗？"

"别再扯谈哲学，还是讨论复杂系统的研究方法吧。"

马小喜理了一下思路，言归正传："中医理论正是从最简单的'阴阳'二字入手，认为生命体本身与其周围世界和万事万物一样，属于阴阳对立统一的体系。阴阳协调无灾无病，阴阳失调，则会产生疾病。协调并不是指量上的平衡而言，因为平衡是相对的、暂时的，不平衡才是绝对的。人在幼年、少年、青年、壮年和老年的发展过程中，前期阳气量应大于阴气量，身体才能发展成长，后期阴气量胜过阳气量，呈现衰退老迈之象。壮年之期则是分水岭，符合物极必反、由生至死的相互转化条件。在过程的每一时期，虽然阴阳不平衡，但在健康时应是协调的，否则百病丛生。所以中医治病，首先必须了解、分析人体内的阴阳失调的状态。调查方法简单地讲，就是望、闻、问、切。此外，还要考虑天时（季节）、地利（地理环境）等客观因素。然后根据上千年的经验即是中国医学界的智慧之大成，形成的中医理论和实践知识，确定人体外在的表现症状与内在阴阳的对应关系。阴阳失调无非是阴盛阳衰，或者阴衰阳盛。但其中每一种又分两种情况：阴盛阳衰，可能由于阴偏盛；也可能由于阳偏衰。反之亦然。这叫作辨证，是治疗的先决条件。最后根据辨证的结果，采用药物和针灸等调节其阴阳失调，使之达到协调。"

刘阳说："照你的说法，中医对于人体这个开放复杂巨系统的认识，及其疾病的治疗，可以简单总结为辨证阴阳，运用丰富的经验，偏盛时损有余，偏衰时补不足，就能够卓有成效地解决问题了。"

马小喜解释道："上面所述仅仅是非常粗浅的中医理论，当然中医药学绝不如此简单。其实中药也是分为热和凉两种，前者属阳，后者属阴。但中医药学的特点却十分鲜明，它几乎从不考虑细菌和病毒之分，也不按解剖学的脏器系统处理，与西方医学比较，就是几乎不受还原论的影响。通俗地讲，中医是为了增强人体对疾病的抵抗力。君不见在同一环境下，有人生病，有人就不生病，可见外界的影响是通过人体的内因起作用的。上千年来，中国凭借这一套，克服了历次猖獗的瘟疫及各种疾病，并治疗在连绵不断的战争中造成的伤痛，而且做到了人口大量繁殖，这个事实是无法被抹杀的。所谓中医不科学的论调可以休矣！我提出的另辟蹊径，就是指以最简单的出发点去进行复杂系统的分析。问题在于这样的方法，能否推广应用到其他复杂系统的研究上？例如宇宙学，我觉得不久前我们听过怪老头陈也新先生关于宇宙形成的看法，他的出发点就是从质量与能量两种简单的事物出发，去分析整个宇宙的发展和演变过程。对照中医学的理论基础，不能否认有其正确性。"

刘阳辩论道："你的说法显然也有片面性，不能用整体论去否定还原论，例如不能用中医去否定西医。要承认两种科学思想至今都结出了丰硕的成果。正确的态度应是兼收并蓄，汲取一切知识为我所用。"

马小喜补充解释说："顺便说一句，据我所知，现在正在建立中医学理论的计算机模型，以便沿上述思路进行仿真分析。"

说到此处，刘夫人携儿子买菜归来，中止了两人的讨论。为表歉意，马小喜忙下厨帮忙。饭后，他陪刘阳一家去郊外公园游逛了半天，以兑现他的承诺。

长假的最后一天上午，马小喜给中医徐研究员发了一封电子信函，介绍了自己阅读《从复杂系统角度看中医理论》的学习心得，请他给予指正。又给陈也新老先生发了一封信函，请教关于宇宙仿真最近的进展。而下午则用于休整和收心，准备自第二日起，将已写好初稿的硕士论文再做修改，期望能将最近学到的理论和方法融合到论文中去，哪怕是局部观念的介入，也可以提高论文的质量。晚上，他与柯灵灵通了个电话，提出毕业后、春节前举行婚礼的想法，便于早做准备。柯灵灵劝他先安心学业，并带了一句："也没有多少要准备的。"虽语气有些模棱两可，却已表明了"同意"的态度。马小喜很高兴，自认为假期过得十分惬意。

假期过后，刘阳忙于准备取得最后两门课的学分和酝酿博士论文开题工作。柯灵灵被唐大壮拉去从事模拟人脸表情的仿真研究。宋陶然回到自己的岗位，继续做新型电厂的仿真系统开发工作，还利用业余时间与华夏嗣进一步交往。梅少校则忙于机型改装训练。

几天后，指导老师让马小喜去汇报工作。他交出了论文初稿，并谈了想进一步补充和修改的想法。老师表示看过初稿后再说，同时告诉他一个好消息，已与汽车系的朋友找到一家经营汽车驾驶培训连锁店的老板，希望他在开发资金方面给予支持，老板答应详谈后，尽可能支持这项开发工作，但条件是试制样机成果归投资方，技术双方共有，经济效益两家分享。马小喜听后，哼了一声："他可真会赚钱。"老师劝他说。"这是对双方有利的事，论文有样机作支持，水平和质量都会提高；学校现在招收的硕士生较多，不可能拿出钱来支持试制样机。"马小喜同意了老师的观点。

试制样机之事，加重了马小喜的工作负担，多日加班加点，把他累得几乎喘不上气来，对别的事也只好暂时放在一边。幸好柯灵灵帮忙，将投资方提供的一辆旧汽车驾驶室，按马小喜的技术要求，赶出了一批图纸，并联系和监督加工单位制造，才在元旦前基本完成改装工作。马小喜元旦也未能休息，拉着刘阳和柯灵灵，在新的模拟器上进行调试和试运行，直到1月上旬的一天下午，才算达到满意的效果。三人坐下来喘一口气。

刘阳说："你的模拟器有几个特点。第一，模块化的结构，可以按需要选用发动机类型和操纵类型，如手动和自动档；第二，可以选用不同的车型，如小轿车、卡车和集装箱车等；第三，可以选择在不同质地的道路上行驶；第四，具有高度景深的虚像显示系统，且可选择不同的视景，如城市街区、高速公路、乡村小道等；第五，驾驶室采用真车和真实操纵设备、仪表等，内在环境逼真度高；第六，模拟器装有左、右后视镜，这是以前同类模拟器所没有的。但最重要的一点却是没有用到虚拟现实技术。因此，建议你把论文题目改为模块化通用汽车驾驶模拟器。"

马小喜回应道："我的论文中有一章却是另外一种设计，采用的是虚拟现实技术，它和现在你看到的这台模拟器完全不同，使用了头盔显示器和三自由度座椅。虚拟现实的名称可不能划去。"

柯灵灵笑说："你的名堂真多啊。"

马小喜不无得意地说："我的论文中还提出了另一种设计，是在真车的操纵设备上，临时增加几个可以简单装上和拆除的传感器，使用时只要将汽车驶入显示视景的大屏幕前，并将传感器信号与电脑连接，即可完成模拟培训。你看妙不妙！"

刘阳也笑了，说："你小子真够聪明的，前途不可限量啊！如果去掉大屏幕，换成头盔显示器，并将电脑搬上车，连线也方便，每个车主在家里就可以培训家人和朋友开汽车了。这个主意真好。"

马小喜嘻皮笑脸道："承蒙夸奖，不胜荣幸之至。"

柯灵灵拍了他一下："不许骄傲！"

马小喜故作严肃道："小生遵旨。"

柯灵灵瞪了他一眼，刘阳咧嘴笑了。

一周后，马小喜顺利通过了论文答辩，并获得一致好评，被学术委员会授予硕士学位。至此，他才真正地松了一口气，回忆起这半年多的历程，不禁感慨万千。

接着，他与柯灵灵协商，准备在春节期间举行婚礼，但不想大操大办。两人都反对拍结婚照、摆宴席等流行的奢华浪费举措，仅想请一些知己、朋友、熟人和同学，搞一次别开生面的聚会。至于如何做到别开生面，他俩暗地里几度磋商，并做了准备。同时商议婚后，马小喜搬入柯灵灵家，仅添置少量家具、衣物和日用品等。

马小喜笑对柯灵灵说："要声明的一点是，我可不是入赘柯家啊！"

"我们柯家还不稀罕让你这浪荡公子入赘，真是老封建。"

他俩将想法向柯母汇报。柯母本想把女儿的终身大事办得风光一些，但在他俩保证将婚礼举办的热闹有趣后，便同意由他俩自己去操办。

寒假来临，大部分师生都回家过春节了。马小喜借用了一间教室，靠墙一排桌子摆上饮料和食物，中间空出来容纳客人。他们别出心裁地利用教室原有的投影机，放映出大幅红双喜，还在两旁画了一对可爱的男女儿童，各拿一串鞭炮。

婚礼举行的当晚，男女老少来齐，出人意料的是还来了几位外国留学生，其中有一位加拿大人和两位俄罗斯人。再加上马小喜的指导老师和帮忙筹备晚会的几位同学，济济一堂，倒也显得相当热闹和红火。

新娘上身为一件裁剪得体的红棉袄，略施粉黛，十分秀丽。新郎则着一件休闲西装，风流倜傥。婚礼由唐大壮担任司仪，他宣布婚礼开始。首先，新郎新娘向柯母鞠躬，再向亲朋好友致礼，最后相互鞠躬。此时，投影幕上两位少年，举起手中的鞭炮"噼啪"作响。唐大壮宣布礼成，众皆愣然。

梅少校用粗犷的声音道："怎么这么简单？唐老板这司仪有失职守，大家说这样行不行？"

众口一声："不行！"

唐大壮问："大家要怎么样？"

有个男同学一手拿着苹果、一手扯着一根线说："总要一起吃个苹果吧。"

刘阳道:"我反对,这都什么年代了,还搞这一套。"

刘夫人说:"婚礼上,新人总得表现亲热点,咱们要求按西方风俗办,丈夫应该吻新娘,大家同意不同意?"

众人哄然叫好。

一位俄罗斯留学生举起手中的饮料说:"我们俄罗斯的风格,在结婚宴上,亲朋中有人叫声'苦啊!'新人就必须接吻。现在我叫,苦啊!苦啊!"

马小喜故作为难说:"东西方文化毕竟不同,现在虽已开放,但要我们当众亲热,总觉得不好意思。这样吧,我们俩表演一次虚拟接吻吧!"

众人感到新奇,纷纷表示同意。新郎和新娘隔了一段距离,相对站好。此时,投影幕上出现了两人头部相向的图像。

刘阳笑着说:"我喊开始,你们就动作。注意啦!预备——

虚拟接吻

开始！"

只见两位新人各自做出拥抱对方的姿势，并且歪头表示接吻——屏幕上的两位新人紧紧拥抱在一起，开始了较长时间的热吻。大家热烈鼓掌。最妙的是当新人后退一步，图像中的新人也随之分开，一瞬间还发出吻后"喷"的响声，与两唇分离相配合。全体哗然。有人高呼："真精彩！再来一次。"两位新人又反复进行了几次，才算满足了众人的要求。

唐大壮拍拍手说："我代表新人向各位表示感谢。下面请新人与大家跳舞。"

轻音乐起，两位新人首先步入舞池，大家也纷纷起舞。

几曲过后，在短暂的休息期间，马小喜拉着新娘的手找到宋陶然和华夏嗣，新娘故意问："宋姐，怎么不介绍一下你的这位伴侣呀！"

宋陶然笑道："大家在丽江之游中早就相识了，还要我做什么介绍。"

柯灵灵用眼瞟着华夏嗣，对宋陶然说："这回可真应了'引得君子驻足赏，应可慰寂寥了'。"

华夏嗣莫明其妙："什么君子？"

马小喜"扑哧"一笑："你阁下当之无愧呀！不但驻足赏，而且已作伴共逍遥了。"

宋陶然红着脸说："马小哈曲解柯灵灵词的含义，该打！"

华夏嗣仍摸不着头脑，连问："怎么回事？"此时乐声又起，马小喜推他道："先去跳舞，你慢慢问'送桃来'吧！"

在慢拍狐步舞中，宋陶然低声向华夏嗣介绍了过去的一段经历，背出了应答的诗词。

"你们高雅得很呀！"

"也有不高雅的，马小喜自称是马大哈的兄弟，别名马小哈。第一次认识他，他就送我一个外号叫'送桃来'，还暗地里给你起了称谓，叫'下驷'之马。"

华夏嗣哈哈笑道："这位马老弟真够风趣的。"

新郎新娘跳到了两人旁边。新郎说："'送桃来'背后讲我坏话，你可要小心。待到花落结蒂时，我们要来闹。"不待回答，飘然转开。

此时，司仪宣布："晚会余兴'仙女空中舞'将要出台，请大家向中间聚一聚。"

室内灯光骤灭，靠近后墙的幕布缓缓拉开，空中突然出现一位体态窈窕的仙女，衣裙飘飘，翩翩起舞。扬声器中传出女声合唱古曲"除夕"："买来玉壶春，堂上祝双亲，合家欢乐，儿孙满堂，今宵话殷勤。一年将尽夜，万象快更新，三星福禄寿临门，

空中美女群

五色吉祥云，安排奏歌管弦庆元春，拍手小兰孙，满园花灯彩炮，春宵一刻值千金……"随着歌声，逐次出现第二位、第三位、第四位仙女……构成一幅色彩绚丽的群舞。

小强大声说："这是空气成像。"梅花和哲生双双跑近，想用手去摸跳舞的仙女，结果捞了个空，禁不住大叫有趣。客人中也有几位学样，纷纷跑去触摸称奇。歌曲近尾声，仙女渐隐。司仪宣布晚会结束，全体鼓掌。

读后感

（一）

　　读完王扬先生的科普著作《仿真大观园》，我很受感动。王扬先生在 10 多年前就能想到用科普的形式介绍仿真技术，能写出这么好的有关仿真技术的科普著作，足见王扬先生的远见、睿智以及他对仿真技术的热爱。相信这部著作对普及仿真技术知识，推动仿真技术及其应用的发展，能起到积极作用。

　　仿真技术具有无破坏性、安全、可多次重复和经济等特点，它是完全建立在科学理论基础之上的一门包含密集科学知识的高技术，具有多个领域的技术融合的性质，是一门综合技术。

　　正是由于这种性质，仿真技术在军事上有着极其重要的作用。另一个方面，面临着日益增长的市场广泛需求，大力发展仿真技术，使其深入地应用到国民经济的各个领域，将有力地促进国民经济健康、快速、可持续发展，产生巨大的经济效益和社会效益。

　　前几年，我和吴连伟同志看望宋健主任时，宋主任说："仿真技术的发展令我震惊，现在几乎没有哪个领域能离开仿真技术。"陈定昌院士说："今后网络到哪里，仿真就会到哪里。"

　　多一些仿真技术的科普著作，定会提高全民对仿真技术的了解和认识，对发展这门重要的战略技术有着重要意义。

中国航天原北京仿真中心主任　蒋鹏平

（二）

　　作者的这部以现代系统仿真技术为主题的科学普及小说，用小说故事情节为框架，以通俗语言介绍属于当代科技的一个分支——系统仿真技术，真是难能可贵！一位成名的仿真专家孜孜不倦地撰写仿真大观园科普读物以飨读者，无疑这是普及仿真技术的一大贡献，在当前科普读物奇缺的情况下，更是可喜可贺的事！

　　该书从介绍公鸡打鸣的实物模拟器开始，直到空气成像的窈窕仙女的群舞欢快结束，充满了引人入胜的趣味性。书中有关仿真技术的观点，给人以启发，并能引起思索。我想这也正是作者的预期目的。

　　该书前后呼应、结构严谨、条理清楚，内容富有趣味性和启发性。据此估计，《仿真大观园》必将成为广受欢迎的科普读物！

中国航天科技集团公司
一院十二所研究员、博士生导师

友人的话

《仿真大观园》完稿，已经有十余年了，但现在读起来还是那样亲切，那样有趣，那样深入浅出，不愧为一本好的科普读物。

近十年来，仿真技术已经有了突飞猛进的发展：

它从军事领域的仿真走向国民经济的大战场仿真；

它从小系统仿真迈向了复杂的大系统仿真；

它从工程领域仿真走向了非工程领域仿真。

仿真技术依其特有的前瞻性、安全性和经济性，上升为国家重要的战略技术和服务于国家利益的关键技术，在建设创新型国家和实现中华民族伟大复兴的"中国梦"中，发挥越来越大的作用。

仿真事业要发展，必须后继有人，我们决心出版这本科普读物，希望更多的年轻人阅读它，走进仿真世界，并热爱仿真事业。

王扬同志是一位优秀的仿真工作者，他为仿真事业作出了卓越的贡献，并亲自撰写了这本科普读物。出版此书，是为了号召大批的年轻仿真工作者，学习王扬同志热爱仿真事业、身体力行、孜孜不倦、为事业牺牲的精神！学习王扬同志，就是要经过几代人百折不挠的努力，勇攀世界仿真技术的高峰！

中国系统仿真学会荣誉理事、《计算机仿真》主编　　吴进华